■ 基于中德合作中国北方系列项目的荒漠化防治最佳技术和管理模式
Desertification Control Best Practice Case Studies from the Sino-German Cooperation
Afforestation and Desertification Control Projects in North China

■ 中德合作中国北方荒漠化防治框架项目
Sino-German Cooperation China North Desertification Control Framework Programme

荒漠化防治技术与实践
培训教材

国家林业局防治荒漠化管理中心 ▣ 编著

中国林业出版社

图书在版编目（CIP）数据

荒漠化防治技术与实践培训教材/国家林业局防治荒漠化管理中心编著.
－北京：中国林业出版社，2016.7
ISBN 978-7-5038-8629-4

Ⅰ.①荒… Ⅱ.①国… Ⅲ.①沙漠化－防治－技术培训－教材 Ⅳ.①P941.73

中国版本图书馆CIP数据核字(2016)第167640号

中国林业出版社·生态保护出版中心

责任编辑　刘家玲　　牛玉莲

出　版　中国林业出版社（100009 北京西城区德内大街刘海胡同 7 号）

网　址　http://lycb.forestry.gov.cn

电　话　(010) 83143519　83143613

发　行　中国林业出版社

印　刷　北京中科印刷有限公司

版　次　2016 年 10 月第 1 版

印　次　2016 年 10 月第 1 次

开　本　889mm×1194mm　1/16

印　张　13.75　彩插：16P

字　数　330 千字

定　价　68.00 元

《荒漠化防治技术与实践培训教材》
编辑委员会

主　　编　潘迎珍

副 主 编　胡培兴　罗　斌　屠志方

编　　委　(以姓氏笔画为序)

　　　　　Guido Kuchelmeister　江天法　李梦先

　　　　　张德平　林　琼　贾晓霞　戴晟懋

编撰人员　Guido Kuchelmeister　贾晓霞　曲海华

　　　　　李思瑶　智　信　段金辉　王治啸

　　　　　刘跃军　朝鲁蒙　武　新　周圣坤

FOREWORD

More than 300 years ago the German official Hans Carl von Carlowitz published the book "Sylvicultura Oeconomica", the first comprehensive treatise on forest management in Germany. At that time after a long period of war, vast forest areas had disappeared. Whole forests had been cut down without efforts to restore them. It resulted in an acute scarcity of timber threatening the economic basis as well as the livelihood of the people. In this context of crisis and scarcity, Carlowitz reflected on sustainability in forestry and became the "father" of the sustainability concept. Focussing on the sustainable use of natural resources, he considered both the socio-economic needs of the population as well as the need to preserve nature and the ecological environment.

Still today this is the leading concept for German Financial Cooperation (FC), implemented by KfW Development Bank on behalf of the German Federal Ministry for Economic Cooperation and Development (BMZ). Since 1993 the Sino-German Financial Cooperation works successfully with the State Forestry Administration (SFA). Together we have supported the implementation of 36 forestry related projects in 20 provincesall over China. The German commitments in the Forestry Sector alone amount to EUR 265 million (around RMB2.3 billion). About 840000 ha of forests have been established or rehabilitated, and more than one million people benefited directly from these projects.

"Close-to-nature" approaches are in the center of the Sino-German FC projects.

This means to manage natural resources by making use of natural processes as much as possible. Thereby natural processes will contribute to a high degree of cost-efficiency, sustainability, biodiversity and resilience to climate change. This booklet on best practices outlines a number of such approaches that have been developed, adopted or refined in the Sino-German projects. We proudly consider them as "lighthouses" of Sino-German Financial Cooperation.

I would like to convey my sincere thanks to the State Forestry Administration and all the participants of the Sino-German Programme Coordination Group on Desertification Control in taking the lead for extracting best practice approaches presented in this booklet. I hope that the booklet may contribute to spread some of the innovations and the spirit of our trustful cooperation.

With best wishes.

Roland Siller
KfW Development Bank
Member of the Management Committee

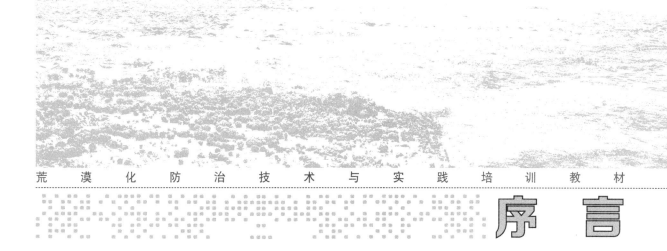

序 言

　　大约 300 年前，汉斯·卡尔·冯·卡洛维茨出版了德国第一本关于森林经营的综合性专著《Sylvicultura Oeconomica》。当时正值战后，大面积森林毁于长期的战争。由于没有有效的措施恢复，整个森林几乎被砍伐殆尽，由此而导致的木材极度缺乏，严重威胁了经济基础和人民生活。在经济危机和木材短缺的背景下，卡洛维茨对林业的可持续性进行了反思，成为可持续性概念之父。他的理论以自然资源的可持续利用为中心，兼顾了社会经济和自然生态环境二者的需要。

　　时至今日，自然资源的可持续利用仍是德国复兴开发银行代表德意志联邦经济合作与发展部（简称 BMZ）开展财政合作（简称 FC）的指导思想。1993 年以来，德国复兴开发银行与中国国家林业局合作，在中国 20 个省成功地实施了 36 个与林业相关的中德财政合作项目。德方仅对林业部门的支持资金总额就达到 26500 万欧元（约合 23 亿人民币），共建立和恢复森林 84 万公顷，100 万人口直接从项目中受益。

　　"近自然"思想是中德财政合作项目的核心，它意味着要尽可能地利用自然规律管理自然资源。这样，自然进程就会更好地促进自然资源管理的高效性、可持续性，维护生物多样性和应对气候变化。本书正是包含了"近自然思想"的一系列最佳实践模式，这些方法和模式在中德项目中得以发展、使用或完善。我们自豪地将这些方法和模式称为中德财政合作的"灯塔"。

　　在此，我向国家林业局及中德财政合作荒漠化防治项目协调小组中所有参与编纂工作的同仁表示由衷的感谢。衷心希望此书能为传播创新思维，巩固互信合作贡献力量！

德国复兴开发银行管理委员会成员

罗兰·希勒（Roland Siller）

荒 漠 化 防 治 技 术 与 实 践 培 训 教 材

目 录

I

第4章　沙区灌木青贮加工和利用技术模式

第5章　近自然森林经营规划与经营模式

第6章　森林体验教育模式

第1章

参与式土地利用规划（结合卫片制图）方法

Participatory Land Use Planning （PLUP） with Photo Mapping Method

（1）培训对象：各级政府，特别是县及县以下林业、农业、扶贫、环境等相关部门的领导和技术人员。

（2）培训目标：使学员了解参与式理论和方法，掌握参与式土地利用规划方法的应用过程、步骤以及注意事项。

（3）授课人员：国内外从事参与式土地利用规划方法的专家、学者和实践应用的专家。

（4）培训时间、方法和内容：见表 1-1。

表 1-1　培训时间、方法和内容

时间	方式/方法	内　　容
第1天	室内：讲座、讨论、实际案例	● 讲座：结合卫片制图的参与式土地利用规划的相关概念、理论 ● 讲座：结合卫片制图的参与式土地利用规划与项目本身规划、实施的关系 ● 讨论 ● 讲座：在项目中如何准备参与式土地利用规划？（计划开展多少个规划单元？所需材料、人员投入？开展时间？） ● 讨论 ● 讲座：参与式土地利用规划总体过程 ● 讨论
第2天	室内：讲座、讨论、实际案例	● 模拟作业：室内开展参与式土地利用规划（卫片制图）第一阶段 ● 讨论 ● 模拟作业：室内开展参与式土地利用规划（卫片制图）第二阶段 ● 讨论 ● 模拟作业：室内开展参与式土地利用规划（卫片制图）第三阶段 ● 讨论 ● 模拟作业：室内开展参与式土地利用规划（结合卫片制图）第四阶段 ● 讨论 ● 全天总结
第3天	实地参观	● 实地参观采用参与式土地利用规划（结合卫片制图）方法的项目 ● 阅览规划文件、项目与农民合同、规划图等 ● 与技术人员和农民规划小组座谈 ● 讨论与总结

培训内容概要

　　过去许多涉及农牧民生计、土地利用、劳动投入的资源和环境项目都是由政府和技术人员从资金和技术的角度出发来设计和组织实施。这样的项目只是提出了解决资源和环境问题的技术方案，很大程度上忽视了当地农牧民的生计需求，也不重视农牧民宝贵的乡土知识和实践经验。因此，很多项目的实施效果差强人意。20 世纪，参与式理论和方法的出现为解决上述问题提出了新的思路。中德荒漠化综合防治宁夏项目采用的参与式土地利用规划采用的就是根据参与式理论发展而来的具有完整程序的土地规划方法。该项目由德国复兴开发银行资助，宁夏林业厅实施，德国林业咨询服务公司和 GITEC 咨询公司提供技术支持。

　　参与式土地利用规划是指土地使用者（当地农民），在技术人员、规划专家和政府工作人员的支持和协助下，共同对当地土地利用方式以及自然、社会、经济因子进行系统评价分析，并协商和决策规划区内土地的可持续利用措施和方式。整个步骤涉及确定土地利用模式，规划和组织实施，包括管理、监测、评估以及再规划、再实施的全过程。

　　本培训教材以中德合作荒漠化综合治理宁夏项目为例，介绍了结合卫片制图（例如：采用高分辨率卫片放大正射校正图）的参与式土地利用规划方法（以下称参与式土地利用规划）的特点、实施步骤以及实践应用后的反思。参与式土地利用规划方法最显著的特点之一就是采取"自下而上"的决策程序，让基层农牧民参与到项目规划过程中。

　　中德合作宁夏项目采用的参与式土地利用规划分为四个阶段：规划准备、初步规划、详细规划、档案管理，每个阶段又分为若干个具体步骤。在整个规划过程中，技术人员、当地领导、专家和当地社区群众（村民）共同召集会议、现地评估、技术设计，以行政村或自然村为单位，制订符合当地社区自然和社会经济发展特点的荒漠化防治项目活动方案，方案制订后，通过公示收集群众的反馈意见和建议，再加以完善。

　　参与式土地利用规划在中德合作荒漠化综合治理宁夏项目中的应用充分体现了尊重农民、平等参与、规划公开、过程透明和方案符合当地特点、易于被农牧民接受等许多优点。但是，也反映出了一些缺点和不足，例如耗时较长，需要投入较多的人力、物力和财力。但是，总体来说，利用卫片制图的参与式土地利用规划方法，已经成为中德合作项目的一项优秀实践方法，具有良好的应用前景，值得大力推广。

　　目前，国内的一些生态工程如退耕还林、京津风沙源治理等已经采用了参与式土地规划的一些原则和方法，如召集村民会议，向农牧民宣传和介绍项目内容，了解当地群众参与意愿等。

Summary of the Model "Participatory Land Use Planning with Photo Mapping"

In projects that have a bearing on farmers' livelihoods and their land use and labor input, the government and technicians are very often inclined to give consideration primarily to resources and technical points of view. The government bodies then come up with rather technical solutions to problems of local resources and environment and implement them, thus neglecting the livelihood of the farming community and the benefits arising from traditional knowledge and practices. The implementation of such projects often fails to produce the desired outcomes. Participatory theories and approaches that emerged during the last century have resulted in new and unique ways of tackling this development problem. Participatory Land-Use Planning (PLUP) is one such solution, which was developed and evolved as a methodology with a comprehensive procedure, in the frame of the Sino-German Integrated Desertification Control Project in Ningxia, co-financed by the German Government through KfW and implemented by the Ningxia Forestry Bureau with support of the DFS Deutsche Forstservice GmbH and the GITEC Consult GmbH.

A PLUP exercise implies that the land users are facilitated and assisted by technicians, planners and government officials to jointly undertake a systematic assessment of land use, the natural, social and economic aspects, and discuss and decide on sustainable land-use practices and methods. This involves developing land-use models, and planning and implementing them through management, monitoring, evaluation, re-planning and further implementation of the processes.

This training material studies the Ningxia Sino-German Integrated Desertification Control Project is an example, and introduces characteristics, implementation steps and reflections from field practices of PLUP with photo mapping (i.e. use of enlarged ortho maps from high-resolution satellite imageries) in Ningxia. One of the most remarkable characters of a PLUP is that it is a bottom-up approach. From the project planning stage itself, it involves the participation disadvantaged farmers and herdsmen as the concerned beneficiaries. In the Ningxia Project, the exercise of PLUP with the help of photo mapping consists of four stages: preparation, preliminary planning, detailed planning and technical designs, and file management. Each of the above steps is further divided into smaller milestones. Throughout the whole process, technicians, local leaders, experts, and the local community itself (in this instance, at the level of the Ningxia village) conduct meetings, field assessments, and come up with technical and socio-economic designs to develop desertification control action plans for each of the planning units. They then collect feedback from the community and improve plans for implementation.

In Ningxia, the field practices of the PLUP through photo mapping have demonstrated its many advantages for the society; for example, deference to the needs and wishes of the local farmers and herders, equal participation, and an open and transparent planning process. The action plan so formulated is suitable for local conditions and readily accepted by the farmers and herders. However, the methodology has shortcomings; for example, it is time consuming and requires higher inputs in terms of personnel, materials and funds. Nevertheless, the methodology of PLUP through photo mapping has evolved as a best practice through the Ningxia Project and is highly recommended for up-scaling. The PLUP has come to stay and has a bright future in China. In fact, some domestic projects like the Land Conversion Program (reconversion of steeply inclined farmlands susceptible to soil/water erosion or low productivity farmlands into forestry lands or grasslands) and the Beijing Tianjin Sand Source Combating Program have already applied some of the principles and tools of the PLUP and photo mapping, for example, by organizing meetings with the community's farmers and herders for introducing the projects and getting their consent and willingness for participation.

1.1　参与式土地利用规划方法来源

参与式土地利用规划方法（Participatory Land Use Planning，PLUP）是基于 20 世纪 70 年代国际上提出的参与式理论和方法（Participatory Approaches），于 80 年代逐渐发展起来的一种土地利用规划方法。这种方法一经提出就在国际发展援助领域中得到了广泛的认可和应用，并于 80 年代末到 90 年代初引入中国。

宁夏是我国较早引进和应用参与式方法和参与式土地利用规划方法的省份之一。1989 年国外非政府慈善机构在宁夏实施的扶贫项目中采用了参与式社区规划，1996 年德国政府无偿援助宁夏造林项目实施提出了"自下而上"的参与式概念；2002 年德国技术合作公司（GTZ）在宁夏贺兰县四十里店金山村实施的"中德技术合作宁夏荒漠化防治示范项目"尝试了参与式规划方法，2003 年全球环境基金（GEF）宁夏盐池县花马池镇曹泥洼村"荒漠化土地综合治理示范项目"首次正规、全面地应用了参与式规划。前期的尝试、总结和提高，为参与式规划方法在宁夏的广泛使用奠定了基础。2008 年，"中德合作北方荒漠化综合治理项目"（以下简称"德援项目"）将使用参与式土地利用规划方法列为项目实施的基本要求，并对方法程序进行了进一步的完善和规范。为此，项目开展了大量的专项培训，为方法的应用提供了有力保障。

可以这么说，宁夏采用的参与式土地利用规划方法是通过 2008 年德援宁夏荒漠化防治综合治理项目等一系列国际合作项目引进基本理念和方法，并且根据当地实际情况进行了简化和完善，而形成的一套针对荒漠化防治活动的独特、有效的土地利用规划方法。

1.1.1　针对的主要问题

过去很多涉及农民土地或劳动投入等问题的自然资源和环境项目是普遍存在的，由技术人员和政府官员主导，"自上而下"规划和设计忽视农牧民的利益诉求，导致项目预期目标难以实现。参与式土地利用规划方法针对这一问题，通过一套完整程序，使农牧民参与到项目的全过程中，与技术人员、政府官员、专家一起对土地资源进行评估，分析问题、提出对策，制定土地利用规划，并加以实施，以实现土地可持续利用和管理，达到改善生态环境、增加农民收入等宏观目标。

1.1.2 应用范围和前景

林业、扶贫、荒漠化防治、自然资源和环境管理等涉及农牧民土地利用的项目都可以应用参与式土地利用规划方法，依据当地自然、经济和社会情况以及农牧民的自身条件等来规划农牧民参与的项目活动。事实上，这种方法的基本原则已经体现在了我国政府实施的退耕还林、京津风沙源治理、自然保护区建设等工程和项目中，应用前景十分广阔。建议未来的国内项目中除了现有技术设计费以外，适当增加基层规划费用，包括项目计划和设计阶段中主要由技术员和农牧民参与的规划经费。

1.2 参与式土地利用规划主要特点和内容

1.2.1 参与式土地利用规划的概念

联合国粮农组织在总结世界范围内众多项目的实践经验基础上，对参与式土地利用规划定义作了如下阐释：参与式土地利用规划是对客观物质、社会及经济等因素作出系统的评价，以及鼓励和帮助土地使用者在增加其土地生产力、可持续性发展及满足社会需要方面作出选择[①]。土地使用者作为当事人，他们对自己的土地和资源的理解，可能较之外来者有所不同，如果让他们参与到土地利用规划的制定和实施过程中，就可以把他们自己的利益、优势、不足与专业技术人员的技术知识和管理人员的管理知识结合起来，互相启发、相互补充完善，共同完成可持续发展的目标，这种自下而上的规划设计方法就被称为参与式土地利用规划（PLUP）。参与式土地利用规划是基于所有土地利益相关者之间对话的反复与递进过程，其目的在于协商和计划农村地区土地利用的可持续方式并加以实施。

1.2.2 参与式土地利用规划原理

参与式土地利用规划是土地使用者在技术人员、规划专家、政府工作人员的鼓励和协助下，对土地利用的自然、社会、经济因子进行系统地评价分析，各方共同协商和决策规划区内土地的可持续利用方式，在此基础上形成土地利用规划，并加以组织实施、管理、监测、评估和再规划、再实施的全过程。上级政府部门的主要职能和任务就是创造一个使地方土地利用规划有效实施的有利环境。土地使用者具有自主决策权，是规划的中心，而技术人员的知识是为土地使用者服务的。整个规划过程循环往复、不断完善，是一个螺旋式上升的过程。参与并非简单的参加，而是要求参与者发挥各自的作用。

参与式土地利用规划有如下几个核心特点：

- 目标群体明确；
- 平等参与；
- 自下而上，全面收集信息，充分发扬民主；
- 重视参与的过程。

1.2.3 参与式土地利用规划的实施条件

参与式土地利用规划作为一种自下而上的、与土地利用有关的重要规划活动，一般还须由

---

① 引自王晓军，李新平.2007.参与式土地利用规划：理论、方法与实践[M].北京：中国林业出版社.

市、省以及国家的政府部门来实施。上级政府的主要功能和任务就是为地方政府有效实施土地利用规划创造有利的条件，使地方政府的决定不会受到外来利益的挑战和干涉，并使地方具备有效执行规划的资源。以下几点是促成参与式土地利用规划成功的重要条件：

- 参与式土地利用规划是一个自下而上的规划方法，其中地方规划需要融入地区和国家规划框架范围，地区和国家规划框架需要具有灵活性，可适应地方多样性的需求。
- 规划应在各利益相关方相互沟通、利益均衡的基础上进行。
- 规划决策应在各利益相关方达成真正一致和共同理解的基础上制定。各方必须遵守做出的决策。各方应明确并尊重各自的授权范围和责任。
- 规划程序和决策过程必须透明。须用易懂、可靠的方法记录规划结果。
- 土地利用规划是一个不断修正、完善的过程。在这个过程中，规划、实施、监测和评估环环相扣，因此规划要根据实际情况更新和修改。
- 土地利用规划应在土地分配和实施活动之前而不是之后进行。
- 参与式土地利用规划要求一个整体规划方案，在规划区域中要考虑所有的土地类型，跨学科规划组要互相协调，规划程序应尽量简化，便于操作。
- 培训并加强地方政府机构和其他组织的能力，使他们能完成各自相应的任务。
- 当地人必须有能力通过改进土地利用措施来提高他们的生活水平。

1.3　参与式土地利用规划的实施步骤

参与式土地利用规划很难有一套标准的、放之四海而皆准的步骤。重要的是采用参与式土地利用规划的基本原理和原则，对土地的所有者或使用者——往往是来自基层的农牧民进行动员，帮助他们了解项目，让其参与到项目活动中来，希望他们能够利用项目的支持和政策，制定出符合当地实际的、既符合公共利益也符合农牧民自身利益的土地利用规划。

这里以中德合作荒漠化综合治理宁夏项目（以下简称德援宁夏项目）来说明参与式土地利用规划的实施步骤。整个规划过程分为四个阶段：规划准备、初步规划、详细规划、档案管理。

1.3.1　第一阶段：规划准备和宣传

1.3.1.1　召集预选乡镇，召开县级参与式规划年度会议

- 目标：为本年度荒漠化综合治理规划及宣传活动制订活动计划；动员并落实所需的人力和财力资源。为实现此目标，需要召开由预选乡镇参加的县级参与式土地利用规划年度会议（图 1-1）。
- 参加人员：县级——县项目领导小组主要成员，包括副县长、林业局长、草原站站长、财政局长以及县项目办人员；乡级——项目乡镇领导小组主要成员，应包括乡/镇长、林业站站长、草原站站长以及主要的畜牧技术员（如有必要）。
- 产出：
① 形成县政府文件，涵盖以下方面：开展规划的乡镇、村数量，参与的技术人员数量及来源，规划时间总体安排，工作经费及来源，政府政策支持、奖惩措施等；

② 制订出年度宣传发动工作的总体安排；

③ 准备好参与式规划宣传材料；

④ 全体与会代表签字的"县级参与式规划会议出席名单"。

图 1-1　召开预选乡镇参与式规划年度会（德援宁夏项目实例照片，以下同）

1.3.1.2　召集预选村，召开乡级参与式规划会议

参加县级会议之后，各项目乡镇领导小组应召开乡镇规划会议，各优先选定的项目村均应参加。根据该乡镇具体情况有所侧重。

● 目标：召开由预选村参加的乡级参与式土地利用规划会议（图1-2），来制订本年度参与式规划以及各项目预选村的宣传发动工作计划，动员并落实人力和财力资源。

● 参加人员：乡镇工作领导小组主要成员，应包括乡长、副乡长、乡镇林业站及草原站站长、财政所所长、县项目办负责参与式规划的负责人及技术人员等。

● 产出：

① 形成乡镇政府文件，内容包括：规划村数量，技术人员数量及来源，规划时间总体安排，工作经费及来源，政府政策支持、奖惩措施等；

图 1-2　乡级参与式规划会

② 制订出在乡镇及预选项目村开展一系列宣传发动工作的行动计划；

③ 有关村领导们知悉并了解了项目，并确认该村是否参加项目；

④ 全体与会代表签字的"乡级参与式规划会议出席名单"。

1.3.1.3　召集自然村、村民组长开村级参与式规划会

在乡级参与式规划会议基础上，乡技术员（林业、草原技术员）和县项目办参与式规划人员在每一个行政村分别召开村民组长代表会。

- 目标：选择符合项目标准的自然村；安排项目村的宣传活动。
- 参加人员：村委会成员、自然村领导、村知名人士和妇女代表，乡镇技术人员、县项目办技术人员。
- 产出：

① 使参加人员理解项目理念、信息和政策；

② 在有参与兴趣的基础上，确定符合项目标准的自然村（见表 1-2 德援宁夏项目例子），制订初步的规划程序和时间表。

- 项目村选择标准：能够开展与项目荒漠化防治相关的多样性活动；有足够土地面积；能够成功开展至少一种项目活动，并能够确保成功；农户有明晰的土地使用权；有足够数量劳动力。通常有以下情况的村，不纳入项目：存在边界争议；或土地使用权存在争议；或因种种原因无法保障社会公平；有在建的或拟建的、可能会影响到项目活动的基建项目、其他项目或工业开发等。

表 1-2　中德合作宁夏项目 2010 年项目规划单元计划表

项目	2009年（实际）	2010年	2011年	2012年	合计
项目乡镇数	6	4	5	—	15
行政村数	6	10	15	14	45
预计规划单元（自然村）个数	8	59	70	60	197
评估后规划单元（自然村）个数	8	30	30	25	93

注：由于当地农牧民居住比较分散，德援宁夏项目将参与式土地利用规划的规划单元(Planning Units)确定为自然村。对于居住集中的地方，也可以行政村为规划单元。项目活动（荒漠化综合治理）就是在每一个规划单元上进行参与式规划，最后向上汇总至乡镇、县和项目区。

阶段性成果一：各相关人员充分了解项目信息，明确是否参与，选定了项目自然村。

1.3.2　第二阶段：初步规划——现地评估和荒漠化综合治理草案

1.3.2.1　第一次自然村／村民小组村民大会

- 目标：召开自然村或村民小组第一次大会，向自然村全体村民介绍项目（用挂图向与会者介绍项目标、原则、荒漠化综合治理模式、参与式土地利用规划的步骤、农户参加的政策、监测标准、付款条件和补贴标准等），确认村民的参与意愿，为规划活动组建自然村工作小组（图 1-3 和图 1-4）。

图 1-3　村民大会

图 1-4　专家介绍项目情况（左）、村民规划小组与专家（右）

● 参加人员：自然村的大多数农户（不少于 50%，其中妇女占出席人数 30% 以上），自然村领导、知名人士和村委会成员，乡镇技术人员、县项目办及规划培训人员。

● 产出：

① 通过会议和传单使自然村村民更好地了解项目；

② 村民表达他们的参加愿望，认识到土地使用权方面可能性的制约因素，讨论并同意可能的对策；

③ 选举自然村工作小组成员；

④ 制订并填写数据统计表；

⑤ 根据规划工作量估算，决定第二次村民大会的时间；

⑥ 全体与会代表签字的"自然村第一次村民大会总结"。

1.3.2.2　参与式卫片制图

自然村工作小组成立以后，开始在规划技术人员的指导下进行参与式卫片制图（图 1-5）。卫片制图是帮助村民掌握土地资源潜力和了解制约因素的一种创新手段。卫片制图为村民和技术人员提供了一个直观的工具，便于他们评估自然村的土地利用情况，确认哪些地块需要进行荒漠化治理，应采取哪些合适的模式，如草地封育（R1 模式）、草地可持续管理（R2 模式）、沙丘生态恢复（E2 模式）和生态封禁区（E1 模式）等[2]。

　　制图的步骤是先将透明塑料薄膜覆盖在 1：10000 比例的卫片图上，用夹子沿边固定。卫片图和透明塑料薄膜要大小一致，再把卫片图和透明塑料薄膜用夹子固定在 A0 大小（长为 1189mm，宽为 841mm）的胶合板上（图 1-6 和图 1-7）。

- 目标：识别自然村的边界和主要基础设施，如村庄、河流、道路和围栏等；识别并记录自然村现有的土地利用类型；找出适合项目的主要地块并明确其土地使用权情况；完成自然村数据统计表。
- 参加人员：自然村工作小组、乡镇技术人员、村委会成员、县项目办技术人员。
- 产出：一张画在透明塑料薄膜上的自然村土地利用现状图（图 1-8），包括明显的地形地物、基础设施和主要的土地利用单元。在图上还要用铅笔/钢笔标出各个适合荒漠化治理模式的潜在项目地块及其土地使用权情况，如联户组的名称，包含的总户数。

图 1-5　绘制自然村土地利用现状图

图 1-6　透明塑料薄膜、卫星影像和胶合板固定方法（一）

---

② 按照不同治理目的和方向，德援宁夏项目荒漠化防治活动设计分为两大类，第一类是草地改造（Rangeland Rehabilitation），称为 R 系列，共有三种模式，分别是 R1 草地封育、R2 草地可持续管理或经营、R3 草地饲草生产；第二类是草地水土保持（Erosion Conservation），称为 E 系列，有六种模式，包括 E1 草地生态封禁（保护促进天然更新）、E2 沙丘生态治理、E3 沙丘草方格治理、E4 农田防护林、E5 压沙地种植枣树、E6 草地天然枣树恢复。

图 1-7　透明塑料薄膜、卫星影像和胶合板固定方法（二）

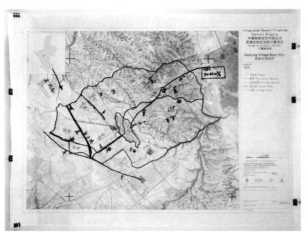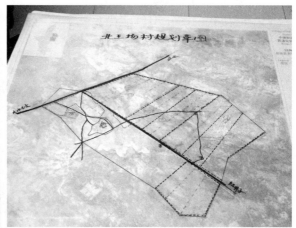

图 1-8　土地利用现状图

　　在移除透明塑料薄膜以前，确认已经在薄膜上用油性记号笔标记四个公里网格交叉点，以便于其后录入 GIS（地理信息系统）数据库时参照位置。

1.3.2.3　现地评估及制图

　　在室内绘制、讨论并就土地利用现状图大体达成一致后，自然村工作小组要与乡镇技术人员一起去现地核实并作进一步的评估。在现地核实的过程中，对现有基础设施、自然村边界和不同的土地利用单元进行查证和修改，必要时应使用 GPS（全球定位系统）和地形图核实并标注位置；同时，现场评估这些地块是否适合项目（图 1-9）。应特别注意持有不同意见的人及其不同观点背后的合理性，并关注具有项目潜力的地块。

　　可以骑摩托车对自然村土地进行勘察，找到一系列调查样线，用以评估和确认土地利用类型、是否适合项目，并确认土地权属信息等。

　　● 目标：核实自然村的土地利用现状；核实并评估不同的土地利用单元，找出其适合的荒漠化综合治理模式。

　　● 产出：

　　　　① 修正过的自然村土地利用现状图；针对各地块是否适合项目进行了详细评估，如植被和立地条件等；

图 1-9　现地评估

② 对潜在的项目地块的使用权进行了核实和登记；

③ 根据每户参加项目的面积上限，对各个潜在的项目地块是否符合要求进行初步评估；

④ 确定在地块上适合实施的项目模式，并记录备查。

1.3.2.4　荒漠化综合治理规划草案

以土地利用现状图和现地核查情况为基础，乡镇技术人员和自然村工作小组制作未来土地利用规划图。自然村工作小组在乡镇技术人员的帮助下，在未来土地利用规划图上标出适合不同项目模式的区域，同时乡镇技术人员根据本项目技术指南，在这些地块上草拟出可能的项目小班。考虑自然村小班的总体规划，如人畜路径和各小班的牲畜取水，在图上做出必要的调整。

- 目标：考虑在项目支持下，自然村土地的未来利用情况；从技术观点并结合社会经济上的考虑（如现有的土地使用权边界、现有的围栏设施等）制订项目小班草案。
- 产出：
  ① 自然村未来土地利用规划图，包括潜在项目地块和所对应的项目模式选项；
  ② 在每个地块上草拟出项目小班；
  ③ 制订出自然村荒漠化综合治理规划草案，如图、表、文字报告等。

1.3.2.5　评估和建议

对草拟的技术小班重新审视，衡量其是否符合项目的参与条件。一些小班可以直接参加项目，有些小班则不符合参加项目的政策要求。还有一种情况，即虽然每个单独的小班都符合项目参与条件，但单个农户参加项目的总面积却超出了项目规定的每户参加项目的上限。出现这些情况都需要进行评估，并提出相应的解决办法。

1.3.2.6　第二次自然村 / 村民组集体会议

汇报初步的规划，包括参与式制图、现地调查和项目模式的适地搭配、荒漠化综合治理草案以及评估与建议。

- 目标：召开自然村或村民小组第二次村民大会，向村民汇报初步规划成果，收集反馈意

图 1-10　向村民讲解初步规划情况，收集反馈意见

见和建议，以便在会上完善规划草案，并获得大会批准；或找到并解决更深层次的问题和关注点（图 1-10）。

- 参加人员：自然村工作小组、村委会成员、自然村大多数农户（不少于 50%，其中妇女占出席人数 30% 以上）、县项目办技术人员。
- 主要产出：
  ① 经讨论通过的自然村土地利用现状地图；
  ② 经讨论通过的荒漠化综合治理规划草案；
  ③ 经讨论通过的未来土地利用规划图草案。
- 大会议程：向大会展示未来土地利用规划图，介绍现地调查的方法和程序；解释项目地块，以及每个地块内的土地利用单元；解释所有的细分土地利用单元和与之适合的项目模式，解释适用该模式的理由；核实土地使用权信息并作必要的改正；向大会展示草拟的技术小班，解释每个草拟的技术小班和与其相匹配的项目模式；解释划分该小班时的考虑因素，核实土地使用权信息并作必要的改正。

向村民讲解荒漠化治理规划草案，解释制订草案时考虑的各方面因素以及使用的假设条件。就荒漠化治理规划草案收集村民们的反馈意见。重温项目政策和要求（如每户参加项目面积上限，单个小班面积限制等），陈述土地使用权分配和重新分配的建议；详细阐述建议产生的理由和过程。解释其他的选择方案及其后果。在通过了小班的组建方案后，下一步将是对不同地块进行详细的小班设计。乡镇技术人员要与参加项目的农户商定一个大致的时间安排。由于详细规划需要逐个地块地进行，只要求所涉及农户参加即可。各个地块的时间安排应有先后顺序，并初步估算轮到某个地块时的日期和时间。书写"自然村第二次村民大会总结"，并由与会人员签字。

　　阶段性成果二：荒漠化综合治理规划草案及有关图件得到修订和通过；商定下一步工作。

1.3.3　第三阶段：详细规划——小班设计及合同签订

1.3.3.1　小班规划：划界、面积测量、制图、成员名单

　　在对自然村荒漠化综合治理方案达成一致后，将由乡技术员主持完成小班的详细区划。在1：10000 地形图上勾绘小班边界，并标出关键点的 GPS 坐标。用网点板进行面积测量，或者在小班的面积和形状适合时使用 GPS 测量面积。与此同时，进一步确认并登记土地权属以及权属边界方面的信息，并完成有关合同附件的填制（图 1-11）。

- 目标：进行精确的小班区划，确定小班成员名单，完成小班规划记录表。
- 参加人员：自然村工作小组，乡镇技术人员，村委会成员，参加项目农户，县项目办规划技术人员。
- 产出：精确勾绘边界的小班地形图，关键点位注有 GPS 坐标值，准确计算的小班面积；填好并签字的合同。

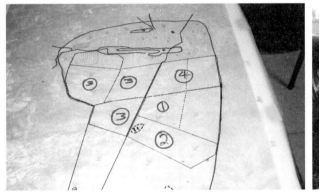

图 1-11　小班区划与准备合同

1.3.3.2　小班技术设计、评估、修订并完善规划结果

- 目标：评估并确认自然村规划成果，开展小班详细技术设计，评估并细化乡村发展支持的内容，完善自然村荒漠化综合治理规划草案。
- 参加人员：县项目办，县级技术设计队成员，乡技术员，自然村工作小组，小班代表。
- 产出：
  - ① 小班详细技术设计，作为合同附件；
  - ② 修订并细化的乡村发展支持内容；
  - ③ 修订并完善带有村规民约的自然村荒漠化综合治理草案；
  - ④ 修订未来土地利用规划图草案。

1.3.3.3 公示规划成果，收集反馈意见

- 目标：把详细规划的结果向所有社区群众进行公示，同时获得大家对于规划的进一步意见和建议，以便修改完善规划（图1-12）。
- 参加人员：规划小组、所有社区群众。
- 产出：自然村荒漠化综合治理方案（包括村规民约），项目各小班方案得到公示，并在此基础上接受了全体村民的审查、各方的反馈意见，包括可能遗漏的农户，收集公示后出现的问题、怀疑、争端、反对等各种意见，并加以解决。

图1-12　规划结果公示

1.3.3.4 修改完善荒漠化综合治理规划草案和图件，并上报县项目办

在完成1.3.3.1至1.3.3.3各项工作的基础上，乡技术员与村工作小组对自然村荒漠化综合治理规划的整套方案进行修订和完善，并提交给县项目办。

同时，县项目办将项目小班边界数字化后导入GIS系统，并与卫片图和地理信息结合。最终，县项目办制作一份带有精确GIS图件的自然村荒漠化综合治理规划（图1-13），打印后报上级项目组织机构审批。

图1-13　德援宁夏项目荒漠化综合治理规划图件

1.3.3.5 规划的评估和批准

县项目办对自然村荒漠化综合治理草案进行最后评估。评估的目的是确认该参与式土地利用规划结果是否符合项目政策和指南，技术上是否可靠，规划过程是否体现了参与性、透明性和公平性。为此，应考虑各种参数和相关方面，比如：

- 是否做到模式（指德援宁夏项目中各种模式）适地匹配；各类型之间的平衡关系，沙丘治理的份额是否过大；

- 是否符合每个模式的农户参与面积上限规定；
- 是否根据社区的放牧需求和劳动力资源情况制定了分阶段的规划。

1.3.3.6 准备合同

自然村荒漠化综合治理规划方案得到批准后，县项目办人员和乡技术员开始准备每个小班的项目实施合同。合同一式三份，依照项目的标准格式准备。除了包括合同各方、模式、面积等内容的合同正文外，还需要准备下列附件：

- 附件 1：小班 1∶10000 地形图，包括关键点的 GPS 坐标；
- 附件 2：详细的小班技术设计；
- 附件 3：小班规划备忘记录；
- 附件 4：项目技术标准；
- 附件 5：小班成员明细表。

1.3.3.7 签订合同

合同准备就绪后，由县项目办、小班代表作为甲乙双方，村委会、乡镇政府作为支持方共同签署生效，县项目办和乡镇政府的公章以及小班代表签字作为生效凭证（见本章后附件 2）。自然村工作小组负责组织合同签署工作。

阶段性成果三：完成荒漠化综合防治规划方案和图件最终版，签订了项目合同。

1.3.4 第四阶段：参与式土地利用规划的档案管理

县项目办应妥善有序地保存所有的参与式规划文档材料，作为参与式规划质量评估以及今后各类监测、核查的依据。

按规划年度进行存档的材料：

- 县级参与式规划会议出席名单；
- 县政府关于部署年度参与式规划工作的文件；
- 参与式规划宣传材料发放表；
- 乡级参与式规划会议出席名单；
- 乡政府关于部署年度参与式规划工作的文件；
- 行政村参与式规划会议出席名单。

按规划单位进行存档的材料：

- 《××自然村参与式土地利用与荒漠化综合治理规划总结》，该文档应简要叙述规划时间、人员及过程，列出相关的主要社会经济信息，说明荒漠化综合治理活动的主要内容、设计依据、采用的主要假设、存在的风险、分年度实施的战略性安排，以及一个附件清单。附件应包括如下材料：
  - 自然村/村民组社会经济与耕作体系主要信息和数据表；
  - 自然村第一次村民大会总结；
  - 照片：自然村土地利用现状图；
  - 照片：自然村未来土地利用规划图；
  - 照片：自然村荒漠化综合治理战略规划草案（表）；

■ 土地分配与重新分配建议（只针对涉及到该方面内容的规划单位要求）；
■ 自然村第二次村民大会总结；
■ 照片：村规民约；
■ 照片：参与式规划结果公示；
■ 自然村参与式规划结果公示总结表；
■ 包含了自然村内所有项目小班的 1：10000 小班地形图；
■ 所有照片要求 7 寸大小，县项目办应同时在电脑中保存所有照片的电子版，并且在移动硬盘中备份。所有附件应按次序与规划总结的正文一起装订成册，并妥善保存。

阶段成果四：规范的档案管理。

1.4　参与式土地利用规划方法的优势和不足

1.4.1　参与式土地利用规划方法的特点

参与式土地利用规划方法具有以下主要特点：

（1）与传统方法的特点比较：参与式土地利用规划改变了传统的"自上而下"的工作方法，二者在许多方面有明显的差异（表 1-3）。

（2）承认农民是有知识的：项目人员通过参与式把现代知识和传统知识结合起来，找出二者之间互补性和切入点，推进项目的实施。

（3）承认落后地区农户也有发展能力：他们有摆脱贫困的强烈愿望，清楚自己存在的问题，项目人员通过参与式方法分析存在的问题，然后通过项目提供资金、技术、管理等方面的帮助。

（4）共同分享、相互启发：参与式规划的过程就是将农民的乡土知识、经验、兴趣、利益诉求与技术人员、管理人员的知识结合起来，共同分享相互启发的过程。

（5）讲求平等：项目人员与项目区农民一道做好规划工作，男人、女人共同参与涉及自身利益的规划。

（6）互动沟通：项目人员通过问题树、调查表、召开村民大会等多种形式和农民建立良好的双向互动关系。农民可以畅所欲言，自由表达自己的要求和愿望。

（7）数据化：利用卫星影像进行参与式制图，以地块为单位，进行因地制宜的详细规划和管理，利用 GPS 精确地界定小班边界，实行数据化管理。

表 1-3　传统和参与式土地利用规划方法特点比较

参与式方法	传统方法
以公众为主体，以过程为导向的自下而上的决策系统	以政府工作人员和技术人员为主体，以结果为导向的自上而下的决策系统
重视基层公众愿望与利益，重视他们的本土知识和传统经验，公众了解规划过程与细节，技术人员只是规划中的指导者和服务者	以政府部门工作为中心，强调现代科技，重视报告与图件，只有少数技术人员参与规划并了解其内容，公众很少参与到规划过程中
重视参与者社区能力建设，大家自愿参与、积极性高	不大重视公众的作用，规划方案的实施基本上与公众无关
注重各方的互动交流，信息沟通多，是在协调了各方利益的基础上做出决策，可有效避免产生土地使用冲突	技术人员决定规划方案，利益各方交流很少，方案实施后很容易产生土地使用的冲突或纠纷
注重参与者性别比例	未特别关注性别问题

1.4.2　方法优越性

（1）尊重和重视农民：参与式规划是农民自己的规划，它反映了农民的需求、意愿和能力，是一种能够有效实施的规划。它彻底地改变了以往规划实施过程中广大群众袖手旁观甚至由于信息不对称、沟通不到位引发的蓄意阻挠的情形。当地的民众只要有规划愿望，就有实施自己规划愿望的机会和动力。参与式方法充分地尊重他们，向农民充分透明地宣传项目，强调农民参与，真正体现主人翁的发展意愿。参与式过程是一个对农民的培训过程，能提高农民整体素质，增强自我管理能力。在规划宣传中介绍一些通俗易懂的自然资源不可再生、可持续开发、循环利用、代际公平等理念，增强民众的生态环保意识，促使群众对荒漠化治理的认识向深度和广度发展。在运用参与式方法的过程中，项目人员充分尊重农民的意愿，鼓励村民表达他们的思想并与之有效交流，与村民共享经验知识，对村民的所知、所说、所为、所示给予充分的理解和重视，通过村民对项目土地利用规划过程的参与，使他们自己发现所存在的问题、潜力并找到问题的解决方法。在规划的制定、决策、实施过程中，使群众的管理经验得到总结，知识素养不断提高。

（2）调动妇女参与项目的积极性：人们一般只注意表面上的男女平等，而没有考虑到男女性别的差异，对于规划决策的不同影响。在当前的中国农村，大部分男劳力外出打工，妇女已成为农村生产和社会活动的主体，并发挥着至关重要的作用。转变农村妇女的传统观念，让妇女参与到社会活动及决策中来，对项目的顺利实施和长期的可持续管理是非常有用的。

（3）形成知识合力：通过参与式土地利用规划，外来者和当地专家和农民可以利用各自的知识优势，帮助当地的人们找出解决问题的方法。

（4）阳光透明：参与式方法的特点决定了该方法在阳光下运行，没有暗箱操作，预防和减少了腐败等行为，既维护了项目管理人员的权威，又保障了农民利益。

1.4.3　问题

1.4.3.1　做好参与式土地利用规划需注意的问题

通过总结项目工作经验，我们认为做好参与式土地利用规划需注意以下几点：

第一要认真。参与式方法的程序多，涉及农户多，工作面宽，认真是做好该项工作最需要遵循的原则，流于形式不但会使规划结果失之毫厘谬以千里，难以真正实现村民参与规划和决策的目标，更可怕的是会损害农民的自尊心，影响农民发展和执行项目的积极性，危害很大。

第二要注意加强规划技术人员培训。参与式土地利用规划需要相应的知识和技能，需要了解有关的政策和法规；需要大量野外工作人员作为参与式思想的传播者、实践者和指导者。需要有一批懂参与式方法的技术人员，同时对技术人员综合素质包括协调、组织、综合、归纳等要求都较高，因此做好参与式规划的技术人员培训至关重要，这是开展此项工作的重要保证。

第三要有参与广度。由于社区群众个体间多方面的差异（包括知识、性别、年龄、兴趣、文化水平、经济条件等方面），会形成思想观念上的不一致。因此在参与式方法中，项目区群众的参与广度非常重要，否则收集到信息的可信度会大大降低，可能直接影响到规划的合理性，进而影响项目的执行，甚至是项目区农村发展。

第四要注意性别问题。把参与式规划方法与社会意识相结合进行性别分析，可充分了解和照顾到男性、女性的不同愿望及需求。忽视性别的参与是不完整的参与，只有男性或只有女性的参与都将导致发展规划的片面性,特别是在贫困地区,由于外出打工的男性较多,妇女成为留守农村的主体。但仅有妇女的参与,显然也有倾向性,也不全面。

第五是要高度关注政府总体发展规划和政府项目。要充分了解当地政府的总体规划,找准其与参与式土地利用规划的结合点,最大限度地形成发展合力,促使项目的规划上升为政府规划。

1.4.3.2 与规划方法配套的实践问题

实践证明,参与式方法的理念是好的,但是随着中国农村社会经济的发展,出现许多新问题,值得我们研究:

一是土地所有权政策制约。中国土地国有,但各种承包制形形色色,以宁夏为例,荒山、草原生产力低,"虚拟承包"的情况较多,"所有权"不十分清晰,在一定程度上动摇了参与式规划的实施基础。另外土地流转速度的加快,土地大户增多,与项目宗旨和参与式要求矛盾增多。如何在参与式规划中合理体现少数大户和多数小户的意志,是我们面临的问题。

二是农村城镇化,劳动力转移现象影响。随着我国经济发展,中国农村正在发生新的变化,移民、打工、城市化造成农村空心化和土地多次私自转让,导致农村土地使用权拥有者与实际使用者分离,使项目参与乡村难以达到参与式规划实施的要求,这也是参与式方法面临的问题。

三是公平和效率的矛盾。参与式特点体现公平原则,但是强调公平的同时,组织程序复杂,工作繁琐,不同利益方、农户之间协商一致成本高,投入人力物力多等一定程度上影响了项目工作的效率,也会影响一些农户的参与热情,如何能使更有活力的激励作用体现在参与式规划当中,这也是目前我们面临的问题。

四是政府主导的传统规划管理方式的掣肘。现阶段,随着中国的经济高速发展,国内生态建设力度不断加大,伴随而来的所谓大规模、高标准的国内项目越来越多。然而,传统意义上政府主导规划的项目管理方式没有改变,形象工程、政绩工程屡见不鲜,参与式方法难以推广,通过参与式规划的荒漠化防治项目被轻视、被改变"同化"为政府规划的情况也时有发生。

1.4.3.3 参与式土地利用规划本身存在的问题

一是参与式规划程序相对复杂:参与式方法的程序繁杂,比较耗时。德援宁夏项目参与式土地利用规划工作,大约从每年的元月份开始,3月中旬才能全部结束,全部程序需要2个多月时间,确实存在耗时和程序繁杂的问题。

二是参与式规划的成本高:参与式土地利用规划的人力、物力保障要求高,没有一定的资金保障将难以高质量地完成任务。以德援宁夏项目为例,2009—2013年共开展了116个规划单元的规划设计,共有445人次开展此项工作,投入人力、材料共计花费190万元。一般来说开展一个规划单元的规划设计,参与式规划过程需要花费约1.63万元。

因此,十分有必要研究摸索更加完善、更为有效、经济的参与式土地利用规划方法,以便更加符合我国的实际情况。

1.5 参与式土地利用规划方法的成本和效益

如上所述,与传统的由领导和技术人员主导的土地利用规划(无论是林业项目还是环境管理项目）方法相比较，参与式土地利用规划方法本身的成本还是很高的（见前文数据），平均每个规划单元的工作需要召开多次会议、需要成立村规划小组、需要技术人员和当地村社干部和参与农牧民投入很多的时间。从材料来看，需要当地的卫星影像图（当然也可以利用互联网工具，如 Google Earth 等下载地图）、塑料薄膜、夹子等工具。

从方法所可能带来的效益来看，影响将会是巨大的。参与式方法培训了农民的参与能力、改变和提高了各级领导和技术员的观念，令他们具备了更民主化地开展群众工作的能力。

1.6 参与式土地利用规划推广前景和改进建议

参与式土地利用规划方法在中国具有广阔的推广前景。事实上，有些国内项目如退耕还林项目、京津风沙源治理工程已经应用了部分参与式土地利用规划的方法和技术，如在项目地块的选择上，通过召集农民开会由农民根据自己的意愿来决策，通过自下而上的办法汇总出项目区的所有地块，通过 GPS 的使用来确定项目区边界等。

今后，建议在更多政府主管的项目中推广应用参与式土地利用规划方法并加强规划的规范性，如进一步规范项目村的选择标准、项目参与者农牧民的参与标准，以便减少和杜绝大户从项目中过度收益；在项目村成立项目实施小组，让他们参与到规划和实施过程中，对项目活动进行公示，使得整个规划过程和结果更加公开、透明、阳光操作，这样更能赢得当地社区农牧民对项目的认可和支持。当然，这些建议的实现，需要领导和技术人员有关观念的切实改变，也需要对他们开展相关的培训和能力建设，以进一步提高其项目运作和管理的能力与水平。

参考文献

叶敬忠，刘金龙 .2001. 参与、组织、发展：参与式林业的理论、研究与实践 [M]. 北京：中国林业出版社 .
王晓军，李新平 .2007. 参与式土地利用规划：理论、方法与实践 [M]. 北京：中国林业出版社 .

附件

附件1　德援宁夏项目参与式土地利用规划理念与指南

1　以卫星影像正射投影地图为基础的参与式土地利用规划制图背景

德援宁夏项目建议采用创新性的技术路线，开展村级土地利用规划、草原管理规划，并进行项目效益监测。本创新性技术路线的基础是，在村级采用卫星影像正射投影地图，以帮助村民代表制定出以他们的知识和观点为基础的乡村发展潜力及制约因素规划。采用卫星影像正射投影地图的技术路线将作为参与式土地利用规划过程中的基本技术要素之一，要求在参与式土地利用规划过程中把采用卫星影像正射投影地图加入项目的各项规划规程（以下简称"参与式土地利用规划卫片制图"）。除了其他必要的技术要素（例如：准备适用的卫星影像图数据和获得地理信息的处理能力），特别要求加强县级工作人员的技术培训。

2　"参与式土地利用规划卫片制图"的概念和应用前景

传统的社区参与式制图是组织社区的相关群体／人员在空白纸张上画出没有比例尺的乡村发展规划简单地图。德援宁夏项目咨询专家观察到，传统的社区参与式制图会出现这样一些不尽如人意的问题：有些土地资源或者画得过大，或者画得过小，与实际情况明显不符，有些对于制定乡村发展规划相对重要的土地资源信息甚至被遗漏。而绘制卫星影像正射投影地图的过程（附图1-1），由于采用了几何位置正确的制图文件为基础，就使社区的相关群体／人员在绘制乡村发展规划图的具体实践活动中获得了重要的定性化信息，有助于使他们保持、拓展视野和理解。此外，实践证明：绘制出的卫星影像正射投影地图信息克服了以前绘图资料难以融入现代化的、日益发展的空间数据管理系统（例如GIS）的困难。这是一个突出的优点。而把

附图1-1　参与式土地利用规划卫星影像正射投影制图

社区的相关群体／人员在现场绘制出的卫星影像正射投影地图信息融入现代化数据库，就可以使各级技术人员在项目规划中便利地获得这些重要信息；因此，这是个重要的、不可或缺的技术步骤。

采用已经被校正的卫星影像正射投影地图，以正确几何位置的制图文件为基础绘制乡村发展规划图有两个直接的好处：（i）由于在绘制出的地图上已经有正确的地理信息参照值，就可以便利地把地图上的信息电子数码化并输入项目GIS数据库；（ii）在村级层面参与式土地利用规划过程中，无论采用卫星影像图还是航拍影像图，由于这类地图直观性优点，对于通常不大使用地图或者地理坐标的村民而言，就便于界定当地的土地资源和地标物，也便于绘制地图。

在以前传统的社区参与式制图过程中，只给农牧民提供空白纸张请他们绘图，这对他们来说有些抽象；而如果给他们提供卫星影像正射投影地图作为底图，在上面界定当地的土地资源和地标物，绘图就容易得多。实践表明：熟悉当地情况的人们，相当容易熟悉卫星影像正射投影地图，与上面只有线条和某些简单标识的普通地图相比，绘图者不需要多少想象力就可以辨别出水系、道路、山脉、居民区等。

把常规的参与式土地利用规划绘图与现代化空间信息工具（例如GIS和GPS）结合起来，就会建成一个以高科技为支撑的社区制图机制，这既便于乡村社区直观地认识他们的资源和发展中所面临的问题，也便于负责规划的管

理部门借助计算机获得必要的资料。因此，以卫星影像正射投影地图等现代化空间信息工具为基础的参与式土地利用规划绘图具有巨大的应用潜力。

3　"参与式土地利用规划卫片制图"的过程

3.1　准备工作

在拟开展参与式土地利用规划制图活动的项目村被选出之后，GIS 操作员和规划小组将根据已知信息，在已有的 GIS 数据集和卫星影像图上共同界定目标区域。如果不知道村子的边界或者没有 GIS 图层，卫星影像正射投影地图所覆盖的面积应当大大超过预期的目标区域，以免漏掉该村疆域内的关键部分。

在遵守地图比例尺规定的前提下，地图的张数应当尽可能少；换言之，不应为了节约纸张或者打印成本而缩小既定的比例尺。可以通过如下方式达到此项目的：在该村疆域形状许可的情况下，可以调整纸张的摆放方向，或者设法把页面设置与图纸方向有机地调整。注意应给地图标题和图例的位置要尽可能小，因为参与式土地利用规划卫片制图只是工作之用，而不是以展示为目的的。

以几何位置正确的卫星影像正射投影地图为基础绘制参与式土地利用规划图，是为了使社区相关群体 / 个人，以手绘地图的方式表达他们对乡村发展特定取向的观点。因此，卫星影像正射投影底图应当尽可能地简明扼要，给参与绘图的人们留下足够的想象空间。理想的卫星影像正射投影底图不应带有过多的信息，只要保留最基本的用于定位的地图要素即可，如主要道路、河流、主要居民区名称、村界。参与绘图的村民通常根据他们的观点，或者对当地的了解，对卫星影像正射投影底图上的边界予以认可或者校正。

打印地图前，应当对卫星影像正射投影底图的背景幕进行仔细的色彩平衡调节；如果可能，应当选用自然色组合。如果所获得的卫星影像图（例如 SPOT）难以直接平衡成自然色，在色彩平衡时，应当把色彩调整到尽可能接近地面物体自然表象的颜色，例如：把植被调成绿紫色，把裸露土地和沙地调成米色，把居民区调成灰色或者浅蓝色。调整色彩时，应尽可能避免专业判图时的假色组合（例如：专业判图时通常用红色表示植被）。另外一个替代方案[3]，或许可以考虑采用灰底影像图，取得与传统的黑白航拍影像图相似的效果。在空间分辨率可以满足要求的情况下（<2.5m），要认真调整亮度和对比度，从而形成灰底影像图。这已被证明是个非常好的选择。应当把对比度调得高于正常值，因为透明塑料薄膜会吸收部分色彩，应当保证在覆盖了透明塑料薄膜之后卫星影像正射投影底图上的信息（例如：道路）仍然可以被识别、而不会被透明塑料薄膜吸收。

在参与式土地利用规划现场制图过程中，为了能够在所覆盖的透明塑料薄膜上标注参照点，卫星影像正射投影底图上必须有地理坐标栅格，最好使用公制的 Gauss-Krüger 投影[4]。最后把该地图打印在 A0 尺寸的纸张上（比例尺 1:10000）。如果缩小比例尺，就会增加卫星影像正射投影底图需打印张数，从而增加工作成本。此外，还要考虑项目村面积以及在村民大会上运用地图的便利性，如果地图过大，在一堵墙上不便张贴，在桌子上也展不开，即使把地图铺在地面上，由于图缝交错，也不便于使用。因此，要根据具体情况在地图比例尺、信息查找、地图总张数之间寻求平衡。然而，地图的比例尺不应小于 1:10000，这应当作为地图比例尺的底线，否则就会影响信息查找（例如：小路、小径、单株树、房子等）。

3.2　村级组织工作

除了上述技术准备外（例如：打印卫星影像正射投影底图、采购必要的文具），还要做好村级的组织准备。第一步是与县项目办提前联系，请他们选派精明强干的工作人员予以协助，请县项目办提前通知拟开展参与式土地利用规划制图的社区，具体通知内容包括：拟开展的制图活动及其目标、要求社区重视这项活动并予以积极配合、确定参加规划制图的人员。每个绘图小组成员最好不超过 5~6 人，以便使每个人都有机会发挥其主观能动性，提高工作效率。要尊重当地的具体情况，灵活地确定开展参与式土地利用规划制图活动的日期和时间。

如果当地有促进发展的非政府组织，也可以请非政府组织协助县项目办，开展参与式土地利用规划。可以请非政府组织派出工作人员，协助组织村民开展参与式土地利用规划制图测试，并向社区参与制图人员介绍项目目标、

③ 即：SPOT/ALOS 卫星影像图的全色波段，或者把 24/32 位彩色影像图转换成 8 位灰底影像图。
④ 请参见附录 A 的投影技术参数。

参与式土地利用规划规程及其制图规程。

在开展参与式土地利用规划制图活动之前，要特别注意，与参与制图人员联系，并协商好合适的时间、日期、地点开展工作，这样不影响他们日常农作与生活安排。此外，还必须提前告诉制图参与者，制图工作需要占用他们多少时间。通常，绘制第一批村级主体图有半天时间就足够了。在任何情况下，参与式土地利用规划制图时间都不应超过一天，否则，村民将难以接受，制图主持人也非常难以控制场面，难以实现村民积极参与的目的。

在请村民正式绘图之前，要在卫星影像正射投影底图上覆盖透明塑料薄膜，用夹子把底图和塑料薄膜卡在一起（也可以用夹子把卫星影像正射投影底图、透明塑料薄膜、三 / 五合板卡在一起）（附图 1-2，附图 1-3）。这就要求地图的尺寸与塑料薄膜、三 / 五合板的尺寸一样大（A0）。

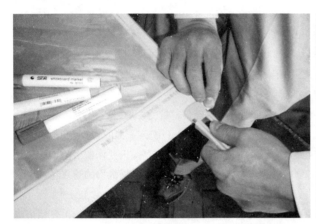

附图 1-2　用夹子把卫星影像正射投影底图和透明塑料薄膜卡在一起

附图 1-3　用夹子把卫星影像正射投影底图、透明塑料薄膜、三 / 五合板卡在一起

3.3　参与式土地利用规划卫片制图——村级实践过程

在把村民召集起来之后、正式开展规划绘图之前，绘图主持人必须向村民再次说明制图活动的目标和要求，卫星影像图上面的技术信息应当包括基本的要素并要求便于理解（附图 1-4，附图 1-5）。主持人要告诉村民，这张卫星影像正射投影底图是哪一年拍摄的（如果可能，还要告诉村民这张卫星影像正射投影底图是哪个季节拍摄的），这一点很重要。如果卫星影像正射投影底图用的是假彩色组合，要告诉村民这张卫星影像正射投影底图的颜色与物体的实际颜色有什么不同，哪种假彩色代表哪种真彩色。

在露天作业时，必须把卫星影像正射投影底图上的北方箭头对准北方，使主要的地标物位置和方向与卫星影像正射投影底图的摆放方向基本一致，以便帮助地图使用者熟悉底图，对底图上所标示的三维空间和距离有客观的感觉。实践表明：村里的地图使用者首先要把地图摆放得与当地的实际情况基本一致。

然而，如果不得不在室内开展参与式土地利用规划制图，室内必须具备足够的光线（可以充分利用从窗户射入

附图 1-4　调整卫星影像正射投影底图的摆放方向

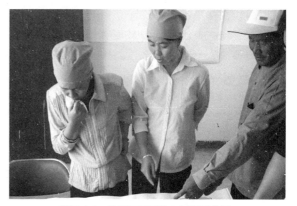

附图 1-5　熟悉卫星影像正射投影底图

的光线）和空间⑤。人们通常也不愿意在炎热阳光下绘图，那样身体不适加之强光反射的干扰，往往会降低人们的积极性，去认真辨识卫星影像正射投影底图上的信息。

通过简明扼要的解释、现场示范、技术人员的引导，鼓励村民在卫星影像正射投影底图透明塑料薄膜上标示出当地社区的主要地物。通常，首先要求村民勾勒或者校正该村的实际边界（附图 1-6）。这还有助于构建参与式土地利用规划绘图的框架，使村民得到更多的参照点。卫星影像正射投影底图上的边界有时与实际边界有出入（包括财权属），在这个阶段可对此予以校正。

开始绘图时，建议让村民首先界定主要的边界点（亦即没有争议的边界），这类边界点通常是众所周知的道路结合部或者河流的交汇点。然后再画出那些相对次要的标识点（附图 1-7）。这样，绘图就相对容易一些，速度也会加快。实践证明：如果在组织村民绘图时不注意工作方法和程序，就会在勾勒边界时出现多个版本，画了又擦、擦

附图 1-6　勾勒或者校正村边界

附图 1-7　增加其他的标示

⑤ 通常，当地民众对他们周围环境非常熟悉，甚至不用细看卫星影像正射投影底图就可以摆对底图方向。

了又画，工作效率也就降低了。

为了使参与式土地利用规划绘图活动取得预期效果，要求社区的代表们勾勒出土地利用现状、当前存在的问题（土壤侵蚀、盐渍化、过度放牧、土地荒漠化等）、有发展潜力的区域、拟采取的措施。还要在地图（即覆盖其上的透明塑料薄膜）上增添基本的图例和符号（附图1-8）。也可以在地图上直接加标签。

参与式土地利用规划制图是一个互动而又反反复复的过程。因此，在勾勒草图时，要使用便于随时擦写的白板笔，以便随时修改。在村民普遍认为他们画的图可以被接受之后，制图主持人或者技术人员再用永久性油性笔把地图描出来，用于永久保存。

在从卫星影像正射投影底图上去掉透明塑料薄膜之前，参与式土地利用规划制图主持人或者GIS技术人员应当保证：至少在透明塑料薄膜的4个角上用永久性油性笔标注地理坐标栅格交汇点信息，以作为随后注册和确定地理参照（附图1-9）。还要在地图上（塑料薄膜上）加注描述性标题和绘图日期。如果要在地图上阐述一个以上的主题，要对每个主题用一张透明塑料薄膜。

根据本项目的参与式土地利用规划技术路线，在以卫星影像正射投影底图为基础的绘图活动中，要在地图上至少阐述如下主题：

- 行政边界；
- 村基础设施；
- 特定的使用权；
- 土地利用（包括草原使用）现状；
- 退耕还林项目信息；
- 三北防护林建设项目信息；
- 预期的／规划的土地利用（乡村发展规划）；
- 生态条件和土地退化状况（认识到的状况）。

此外，还可以标注用手持GPS打出的基础设施地理坐标点／线（例如：草原围栏、供水点等）。对于权属有争议的地方或者设施，绘图主持人应当把这些地方在透明塑料薄膜上明确地标注出来，以便今后与相关人员实地验

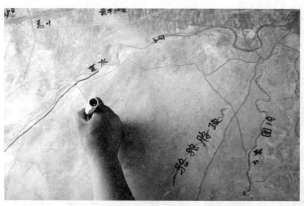

附图1-8　给地图加标签和图例

附图1-9　在透明塑料薄膜的4个角上标注地理坐标栅格交汇点信息

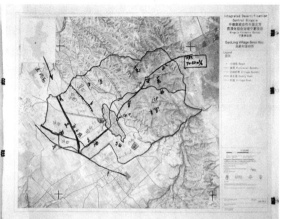

附图 1-10　规划草图

证。

　　在绘图活动结束时，要向绘图村民展示透明塑料薄膜上所画地图（附图 1-10），经过讨论达成共识；如果有必要还要做修订。如果时间允许，绘图主持人应当与绘图村民共同选择几个地方一起实地勘察，评估草图的准确性和可靠性，并做出相应的校正。

3.4　草图后期处理及输入 GIS 数据库

　　回到办公室后，绘图主持人或者 GIS 技术人员要以较低的分辨率[6]扫描透明塑料薄膜上的草图，并将之转换成标准的文件格式[7]，录入 GIS 数据库，用标注在透明塑料薄膜草图上的地理坐标参照点注册草图。应当把透明塑料薄膜草图的投影与基础图上的投影正确地吻合起来[8]。通过在屏幕上数据化了的点、线、面，把草图不同的地物制作成不同主题的图层。为了保证数据化地图特征的准确性，应当把原始的卫星影像图作为背景幕，以便校正由于绘图者在绘图时造成的偏差或者由于透明塑料薄膜损坏造成的线条扭曲。

　　必须在已经开发出的属性数据库表格中填入相应信息（例如：土地利用类型或村基础设施建设类型）。完成这项工作之后，就可确定不同土地利用类型的面积，并可以根据选定的指标制作出不同主题的地图。

3.5　生产社区地图

　　在完成了数据录入、GIS 图层校正和清理之后，就可以制作出第一张地图样板，在村级层面展示和讨论。在这一阶段，可以缩小和调整地图的比例尺，即如果原始卫星影像正射投影底图的比例尺是 1∶10000、要求 2 张 A0 纸，所制作出的社区土地利用地图最好安排在一张纸上，使农民对地图有个全面综合的印象，也便于在村民会议上展示和操作。然而，应当使用比例尺的近似数值，如有可能应当使用标准比例尺[9]。

　　所使用的符号、图例、颜色应当反映目标群体的能力，因此，应当在保证信息量的前提下尽可能简明扼要。在制图时应当考虑如下主题：

- 村基本图（包括边界、基础设施建设等）；
- 土地利用现状；
- 预期的土地利用状况；
- 土地退化现状；
- 存在的冲突（地权、土地纠纷等）；
- 规划的项目活动。

　　尤其要特别关注土地利用现状图和土地退化现状图，因为这两张地图是今后进行项目监测的基础。在项目即将

---

[6]　100 dpi。

[7]　JPG 或者 PNG 格式。

[8]　北京 1954，Gauss-Krüger 分区 18N。

[9]　1∶15000、1∶20000 或者 1∶25000。

结束时，还要开展一次以卫星影像正射投影底图为基础的参与式土地利用规划制图活动。通过比较前后两次制图活动期间的实际变化，监测与评估项目效益：土地退化和土壤侵蚀的面积是扩大了还是缩小了。

尽管通过以卫星影像正射投影底图为基础的项目监测与评估属于定性化的技术路线，它也可以使目标群体对项目活动所产生的实际效益乃至其生活环境的总体变化有直观而深入的了解，这一点也是非常有价值的。

然后把打印出的地图带回村里展示、讨论，让目标群体看看是否有什么可能的误差或者遗漏。在经过最终校正之后，上述社区地图就可以作为参与式土地利用规划组制定土地资源管理等各种参与式规划的基础，如：

- 土地利用总体综合规划；
- 草原管理规划；
- 农田防护林网建设规划；
- 土壤侵蚀防治规划；
- 经济林发展规划；
- 乡村发展规划。

当然，可以根据参与式土地利用规划的具体目标追加制作各种各样的主题图。

4 参与式土地利用规划卫片制图所需材料、设备和资源

4.1 所需设备和文具

因为以卫星影像正射投影底图为基础的参与式土地利用规划绘图活动基本上属于手工作业，实际上几乎不需要什么设备。但是在具体的绘图活动背后有大量的专业技术准备工作，如准备卫星影像正射投影底图需要 GIS 设备和 GIS 数据。到底需要什么样的设备（尤其是需要什么样的软件）取决于能够得到什么样的数据。主流的 GIS 软件包基本上都可以处理影像图文件、拼合地图、数字化图形。然而，到底需要什么样的软件，取决于能够得到什么样的遥感影像图。为了能够把卫星影像图作为制图的参照工具，要求对卫星影像图进行正射校正，亦即必须校正卫星影像图并将之投影到地形图上。然而，大多数的 GIS 标准软件仅限于通过使用第 1 至第 3 序列的多项式方程组进行简单的"橡皮页"水平校正。

对卫星影像图进行正射校正采用的是数码高程模型（DEM），以便校正地形高程和卫星传感器入射角所造成的扭曲。对于平坦地形的非倾斜（纵向或者最底点）影像图，简单的水平校正就可以取得令人满意的效果。对于具有倾斜角度的传感器所拍摄的影像图（非纵向影像图，SPOT 影像图一般属于此类），对丘陵地和山地的扭曲所造成的水平误差可达到几百米。要解决这个问题，只能借助数码高程模型进行正射校正。尽管专业级遥感软件具有正射校正模块，但是对于大多数用户而言，投巨资购买专业级遥感软件得不偿失，况且已经有现成的卫星影像正射校正投影地图可供选购。另一种替代方案是委托专业公司校正卫星影像图。

如果获得了经过正射校正的卫星影像图，实际上就可以使用任何 GIS 软件绘制卫星影像正射投影底图。然而，要特别注意当地所采用的测绘参照系统。许多价格便宜的软件具有全套的投影文档，但是只针对用户群聚集的美国和欧洲国家，其他国家只能编程投影文档[⑩]。

在可能开发出实用的工作区，以弥补某些特定软件技术缺陷的同时，如何获得地图打印设备就成为了一个关键问题。因为在以卫星影像正射投影底图为基础的制图活动中，需要宽幅地图打印机，尤其需要宽幅扫描仪，而且这两种设备的使用频度很高。这两种设备的购置、运行和维护成本相当高，至少地图打印机是这样的。如果仅仅是为了开展某项活动投资购买这些昂贵的专用设备，可能得不偿失，因为这类设备在经过了一次性的大量工作之后，往往被束之高阁并逐步老化损坏[⑪]。

开展这种制图活动所需要的其他设备包括手持 GPS，在与自然资源保护相关的所有政府部门／机构现在都有手持 GPS，也可以买到，且价格也比较低。一般是可以把 GPS 数据转录到 GIS 数据库之内的。对于大多数主流 GPS

---

⑩ 亦即：在 ArcGIS Manifold 8.0 版本中就没有北京 1954 Gauss-Krüger 投影，但是提供了便于采用地理坐标的北京 1954 地图数据。MapInfo 软件（7.0 版）也没有上述功能。ArcGIS 软件包提供了上述 2 项服务，对于北京的 Gauss-Krüger 系统分区有地图数据和全套的投影文档。

商品，甚至可以免费下载转录软件[12]。

对制图材料和耗材成本列出了清单并做了相当保守的估算（附表 1-1）。有些耗材（例如：标记笔、小夹子、GPS 电池）支持几次参与式土地利用规划制图活动显然是没有问题的，其他的耗材包括透明塑料薄膜。开展以卫星影像正射投影底图为基础的制图活动所发生的主要成本是打印大幅面的全色地图，对此安排的预算是 50000 元。

是否给最终确定的土地利用规划地图覆膜，不作具体规定，根据可以获得的资金支持而定。然而，从技术角度说来，在土地利用规划地图最终确定后、在项目村展示并移交给村委会之前，建议给地图覆膜，以延长其使用寿命。此外，如果社区要临时开展小规模的规划活动，可以用易于擦除的白板笔在覆膜地图上勾勒草图。

附表 1-1   参与式土地利用规划制图活动所需材料和文具（每村）

序号	项目描述	数量	估算成本（元）
1	打印的卫星影像正射投影底图，带地理坐标删格，A0幅面	1~2张/村	50~100
2	透明塑料薄膜	5张	30
3	小夹子	>20	10
4	A0幅面三/五合板	2	80
5	易擦除的白板笔（黑、蓝、红、绿），每色2支	8	40
6	永久性油性标记粗笔（黑、蓝、红、绿），每色2支	8	40
7	永久性油性标记细笔（用于标记地理坐标）	1	5
8	GPS电池	2	10
9	项目专用笔记本电脑（装有GIS）	1	n/a
10	土地利用规划地图覆膜，A0幅面	1张/图	60

4.2   设备和材料采购

宁夏林业勘察设计院具有开展以卫星影像正射投影底图为基础的制图活动所需要的所有设备（硬件和软件）。应当以《宁夏回族自治区林业国际合作项目管理中心与宁夏林业勘察设计院关于建立中德财政合作中国北方荒漠化综合治理宁夏项目地理信息数据库的谅解备忘录》为基础，让项目能够使用这些设备。对于这类制图活动，目前还不需要立即投资增加设备。在省项目办和各县项目办均有 GIS 软件和手持 GPS。

然而，由于缺少有效的数据转录软件，目前还没有开展 GPS 数据和 GIS 数据库之间的信息自动转录，还处于把 GPS 数据手工输入 GIS 数据库图层的阶段。这种做法有两个主要缺点：(i) 靠手工录入 GPS 数据在实际工作中无法或者难以处理较为复杂的问题[13]；(ii) 输录地理坐标时可能出现打字错误，从而造成资源数据的错误。

宁夏林业勘察设计院和各县林业局使用的 GPS 设备目前还能用，只是种类和型号多种多样，需要各自不同的专用数据传输线和软件。而比较新的、主流 GPS 只使用标准的 USB 接口即可。因此，项目可能需要采购一批最新的GPS 设备，目的是便利和改善田间数据和 GIS 数据库之间的信息转录。如上所述，GPS 数据和 GIS 数据库之间的信息自动转录软件（例如：从 Garmin 牌 GPS 到 ArcGIS 数据库）是现成的、免费的。增加 GPS 设备的供选采购方案将被包含在勘查、GIS 和 GPS 设备总体采购框架之内。

---

① 当 GIS 曾仍然处于新技术的时候，许多项目购买了昂贵的宽幅数字化平台，只是为了一次性地把所有的纸质地图数据化，几乎没有把这种设备真正当作数字化平台使用。在许多办公室可以看到这类昂贵的设备上覆盖着厚厚的尘土、摆放着一摞摞文件。

② 对于已被广泛使用的 Garmin 牌 GPS，美国明尼苏达自然资源局提供免费软件 DNRgarmin，可以把 GPS 数据直接转录到 ArcGIS 图层，也可以把这些数据存成 ArcView shape files 文件。本软件捆绑在 2 个投影文档数据客上（ESRI 和 EPSC），提供目前所有的制图参照系统。

③ 通过手工录入线段特征和复杂多面体的顶点坐标需要大量的时间，难以满足实际工作的要求。

5 实地测试卫星影像正射投影底图的经验

　　尽管为了实地测试第一批卫星影像正射投影底图做了充分的前期准备工作，但是德援宁夏项目在以卫星影像正射投影底图为基础的制图活动中也通过观察和思考积累了一些经验，阐述如下，以利于改进我们的工作。有些次要问题主要针对文具类型和数量，但有些核心问题关系到能否顺利开展这种制图活动。

　　● 在开展这种规划制图活动之前，通知和组织村级层面的绘图参与者是一个不可或缺的步骤。咨询专家组在实地测试卫星影像正射投影底图之前，由于不可预见的原因，在到达该村的最后时刻改变了决定，转移到另外一个村，而事先并没有通知这个村。尽管参与绘图的村民态度积极、密切配合，但还是花费了几乎 3 个小时才完成了卫星影像正射投影底图的测试任务。假如在事先几天乃至几个星期就通过协商与村民确定他们便于配合工作的日期，情况就会大为改观。

　　● 选好绘图主持人是开展这种规划制图活动的重要环节。实践证明：一名优秀的主持人可以掌握制图活动的节奏，给参与者全面介绍项目基本信息，并予以必要的指导。因此，选好绘图主持人是非常重要的。咨询专家组在实地测试卫星影像正射投影底图之前，聘请了盐池县环境与扶贫中心（CEPA）的工作人员出任绘图主持人。他在测试卫星影像正射投影底图的村民会议上介绍了项目的总体目标及其所规划的项目活动，收集了该村乃至绘图参与者的基本信息，阐释了参与式土地利用规划制图活动的目的。总体而言，他是一名出色的参与式土地利用规划主持人。但是还要进一步完善主持工作，例如：要针对具体的活动引导村民的注意力，始终坚持把话题围绕着具体的活动展开；在结束时，要简要重述、总结所开展的活动并展望下一步的工作。

　　● 最终校正和确认参与式土地利用规划草图。专家组必须和参与制图的村民一道，对在规划草图上画的线段和地物进行验证，使之与透明塑料薄膜下的卫星影像正射投影底图相重合。因为参与制图的村民在仓促间画出的线段和地物时常不符合地图的精确性，例如：所画出的边界线往往截断整块的农田或者完整的地物；而把不准确的草图拿回之后，GIS 操作员又难以或者不可能在办公室确定如何取舍特定的农田或者地物。此外，专家组必须和参与制图的村民一道，把草图上仍然含混不清的东西切实弄明白。只有 GIS 专家（或者制图监督人员）和参与制图的村民一道对草图进行了认真核实，线段和地物符合底图，把含混不清的东西切实弄明白之后，才能最终确定草图并用永久性油笔把草图固定下来。

　　● 要求男性和女性村民共同参与这种规划制图活动。尽管在测试卫星影像正射投影底图的过程中，男性村民在画图过程之中乃至讨论边界走向等事情时，或多或少地处于"领导"地位，但是妇女也时常提出她们的观点，发表她们的意见，男女共同参与相得益彰。参与式土地利用规划制图活动小组以不超过 6~8 人为宜，其中一半应当是妇女。

　　● 在卫星影像正射投影底图上预先校正项目目标村的位置。在盐池县大水坑乡圈弯子自然村，第一次开展规划制图活动时，一张既定比例尺的 A0 图无法涵盖该行政村的整个疆域，只好打印出 2 张 A0 图，圈弯子自然村正好处于 2 张 A0 图的接缝处。由于 2 张 A0 图均有图框和图边，参与制图的村民在把线条从一张图向另一张图延续时，往往迷惑不解。只有在用永久性油笔在其中的一张地图上明确标示出了重合部分之后，才帮助农民消除了疑惑。在打印卫星影像正射投影底图的实际工作中，如果要求比例尺保持不变、行政村的疆域又比较大，有时可能不得不把一个村的疆域分割后分别打印在 2 张（以上）图上。这就要在实际工作中充分考虑那些重合部分。

　　● 1：10000 比例尺的卫星影像正射投影底图不适合于在居民区的制图。在参与式土地利用规划制图测试活动中发现：卫星影像正射投影底图不适合于标注位于居民区之内的基础设施。参与制图的农民感觉到，卫星影像正射投影底图"太小"，无法标注诸如取水点或者水井这类基础设施，结果只标注出了一处主要的公共水井。1：10000 比例尺的卫星影像正射投影底图可以容易地界定和区分出所有的土地利用类型及其相关的地标物特征。如果在参与式土地利用规划过程中确实需要标注居民区内部基础设施准确的位置，就要针对居民区，以特定的比例尺和图纸尺寸，打印出卫星影像正射投影"特写"图。这要在今后的实际工作中具

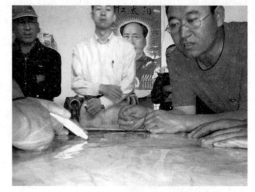

附图 1-11　参与式土地利用规划制图活动的监督
与指导

体测试。另一种替代方案是：用 GPS 给居民区内部的基础设施打出坐标点。

● 卫星影像正射投影图的类型、比例尺、日期应当能够满足参与式土地利用规划的主要需求。在目前情况下，2.5m 的 SPOT 彩色卫星影像正射投影图似乎可以满足参与式土地利用规划的需求。参与制图的农民可以在卫星影像正射投影图上容易地找到主要道路、比邻村等地标物的位置。把色彩调浅些，使之接近自然色（例如植被用绿紫色），有助于参与制图的农民熟悉卫星影像正射投影图。地标物分辨率达到 2.5m 时[⑭]，卫星影像正射投影图仍然足够"清晰"，即使比例尺达到了 1 ： 10000，每平方毫米上仍然有 16 个像素。对于 2.5m 分辨率的卫星影像正射投影图而言，可以被接受的最大比例尺为 1 ： 12500 左右。对于 1 ： 10000 的比例尺而言，SPOT 卫星影像图稍微有些过度变焦，然而，感官效果还是非常好的，有待于进一步探讨。事实证明：2005 年的卫星影像图尽管有些陈旧，但并不影响这种规划制图活动。对于草原区，要求参与制图的农牧民确认哪些地块还是草原、哪些地块已经被开垦成了农田。

● 以卫星影像正射投影底图为基础的参与式土地利用规划制图活动需要一些基本材料。五合板（或者七合板）是必需的，因为普通桌子有些太小，摆不开地图。要求把胶合板做成 A0 尺寸。具体做法是先用小夹子把卫星影像正射投影图和透明塑料薄膜卡在一起，然后一并固定在胶合板上。由于透明塑料薄膜光面上的水笔标记可以很容易地被擦除，毛面上的标记就擦不掉了，因此，参与式制图时一定要使透明塑料薄膜的光面朝上。还建议：在开始参与式制图之前，用较细的永久性油笔在透明塑料薄膜注明坐标，以便随后的地图编号注册。

6　建议

根据规划制图测试活动中取得经验教训，以及参与制图的农牧民反馈意见，兹提出如下建议：

● 应当事先把参与制图的基本信息告诉参与制图的农牧民，这些基本信息包括制图的目的、日期、开始时间、持续时间，要避免临时变动。

● 要求县项目办的 GIS 工作人员参加这种规划制图活动，因为这些技能是他们在今后的参与式土地利用规划所需要的。还没有安排 GIS 工作人员的县项目办，要注意安排 GIS 工作人员。

● 每个项目县至少要开展一次这种规划制图测试活动。因为参与式土地利用规划制图活动，无论对于县林业局，还是对于非政府组织，都是一个全新的技术路线。在每个项目县开展一次参与式土地利用规划制图测试活动，有助于使县项目办熟悉工作方法、收集基层意见、促进资源投入。

● 需要决定在行政村还是在自然村层面开展这种规划制图。从广泛参与的角度看来，在自然村的层面开展这种规划制图比较理想，但是这需要较多的人员投入。在盐池县大水坑乡开展了第一次制图测试之后，盐池县环境与扶贫中心（CEPA，非政府组织）建议，邀请并组织每个自然村的代表共同开展行政村层面的土地利用规划制图。这种做法的另一个优点是，提供了一个机会有助于解决自然村边界悬而未决的问题或者争议。

● 在这种规划制图过程中，无论何时出现争议，规划制图主持人必须控制局面，在地图上标出有争议的地方，随后共同现地核查。在参与式土地利用规划制图测试过程中，参与制图的农民提出的某些问题比较重要，甚至可能迟滞制图过程。这就要求制图主持人必须具有掌控形势的能力，慎重地介入，策略地引导，把握既定目标，在制图活动之后组织现场核查。

● 从第一次土地利用规划制图活动开始，就要针对每个步骤拍摄有代表性的照片，收集展板资料，为下一步的工作奠定基础，便于在村民大会上解释以卫星影像正射投影底图为基础的参与式土地利用规划制图的全过程。

---

⑭ SPOT-5 的 2.5m 分辨率彩色影像图，实际上是把 2.5m 分辨率的全色影像图融入 10m 的彩色影像图波谱。因此该影像图似乎比 2.5m 分辨率的"真实"影像图模糊一些。例如：比 Quickbird 2.4m 分辨率多波谱彩色影像图模糊一些。

附录 A　北京 1954 Gauss-Krüger 投影技术参数

（ESRI 投影技术参数）

投影分区 [" 北京 _1954_GK_ 分区 _18N"]

地理分区 ["GCS_ 北京 _1954"]

数据 ["D_ 北京 _1954",SPHEROID["Krasovsky_1940",6378245,298.3]]

参照点 [" 格林威治 ",0]

单位 [" 度 ",0.017453292519943295]

投影 ["Gauss_Kruger"]

技术参数 ["False_Easting",500000]

技术参数 ["False_Northing",0]

技术参数 ["Central_Meridian",105]

技术参数 ["Scale_Factor",1]

技术参数 ["Latitude_Of_Origin",0]

单位 ["m",1]

GARMIN GPS / 地图技术参数

采用的栅格

栅格原点：E105.0000

比例尺因素：1

向东虚延：500000

向北虚延：0

用户数据

Delta X: － 37

Delta Y: 75

Delta Z: 70

Da: － 108

Df: 0.0000005

附件 2　参与式土地利用规划合同

县　　　　　乡 / 镇 / 林场：　　　　　村：　　　　　自然村：

项目合同号：

林班号：

小班号	地名	植被恢复类型	面积（亩*）

1　概述

合同双方：

甲方：_____ 县项目办

乙方：_____ 个户或联户

1.1　合同地域自 _____（南）至 _____（北），自 _____（东）至 _____（西），地理坐标 _____。具体地点见附图（附录 1）。

1.2　上述土地上的财产（乔木、灌木、草）与土地使用权挂钩，随土地使用权转移。

1.3　为确保中德合作造林项目的成功实施，甲乙双方经过讨论达成如下协议。本协议根据"项目执行计划"和项目长期持续性必需的技术要求制定。

前提条件

1.4　乙方参与项目的前提条件为：乙方须拥有植被恢复地的合法使用权，并能提供有效的书面证明。

1.5　在集体所有或国有土地进行项目植被恢复，项目村 / 林场应保证：（1）植被恢复地块在至少一个完整的林木生长周期（至少 30 年，或更长）内不得拍卖；（2）参与植被恢复的受益人将能够分享今后的收益。若违反上述规定，该村 / 自然村 / 林场应：(i) 退还从项目所得到的全部资金；(ii) 偿还植被恢复苗木费。

2　施工内容

2.1　计划植被恢复季节为 _____。协议将在一个完整的生长期内或至少 30 年内或更长时间内有效。协议终止后，乙方仍有义务保护和管理新的植被恢复地，同时，甲方负责监督以保证所进行的植被恢复按照森林经营原则得到良好的经营管理。若乙方未能履行其义务，甲方将向上级部门报告此事，上级部门有权依照中国的《中华人民共和国森林法》对其进行处罚。

2.2　植被恢复活动的付款详情将在本合同中予以说明，并附在本协议的附录 2 和每个小班的小班记录卡中。乙方将通过"一卡通"获得劳务费。

3　补贴的支付

3.1　支付给乙方的补贴分 2 期进行，对不同植被恢复类型总的劳务补贴说明见附录 2 和附录 3。

3.2　如植被恢复验收不合格，必须进行补植。

3.3　劳务费兑现最晚不得超过植被恢复检查验收合格后 3 个月。

4　双方的其他职责

4.1　甲方的职责

（1）编制技术和乡村发展规划。

_____

　　*1 亩＝1/15hm²，下同。

（2）编制年度执行计划并与乙方讨论并开展相应的技术培训与监督。

（3）根据"项目苗木标准"，采购生长旺盛、根系发达的苗木和插条，并负责运至各植被恢复小班（运至车辆可到达的、离植被恢复地最近的地方）。在正常的植被恢复活动中，应该免费给乙方提供上述提到的苗木和插条（详见 4.2 节）。

（4）负责施工作业的检查验收。

（5）负责管理项目经费，并及时发放补贴；对"一卡通"支付体系提出建议，提出"一卡通"支付清单（包括乙方的身份证号和银行账号），并将清单报送省项目办。

4.2　乙方的职责和权利（下列内容适用于合同的所有乙方）

（1）如果乙方还没有办"一卡通"，应当遵守省里的"一卡通"规程，应当按照县项目办的要求在银行开"一卡通"账户并提供所需资料。

（2）如果甲方提供的苗木不符合"项目苗木标准"（附录4）的质量规格，乙方有权拒绝接收，并有权要求甲方立即重新提供免费合格苗木。乙方应在苗木验收组的苗木分配表上签字证明接受了合格苗木。

（3）乙方应按甲方的年度计划和技术标准完成所有施工任务。

（4）在土地使用证规定的期限内，经林业部门同意乙方有权在抚育林木的过程中得到木材，乙方只具有土地使用权和该土地上的林木所有权。该林木可以继承、转移、抵押，但是，砍伐需经林业主管部门的审批。对于农田防护林，乙方既无权改变林地用途，也无权改变防护林的结构（例如株行距、树种）。乙方同意接受林业主管部门的管理和监督。如果发现恢复的植被管护未达到要求、导致植被长势不好或者土地用途发生改变，乙方应承担所有相关损失。

（5）对于正常的植被恢复活动，应该免费给乙方提供苗木和插条。如果需要进行补植，除有确凿证据来证明是由乙方疏忽而造成的失误外，甲方将免费提供最初栽植株数20%的苗木（具体的苗木株数取决于最初的株行距）。如补植需要更多的苗木，由乙方承担多出的苗木费用。只有在发生不可抗拒的自然灾害（旱灾、洪灾、地震以及类似的灾害）时，才由甲方免费提供全部苗木，前提条件是：甲方获得了相关的项目资金。

（6）乙方的植被恢复活动必须符合双方事先商定的设计和标准，若违反此条款将终止合同，并由乙方承担由此而可能造成的经济损失和其他后果。

（7）乙方必须参加项目培训。

（8）乙方有责任保护好植被恢复地，避免非法利用和放牧。

（9）乙方应按照甲方的要求，保存好所有与项目有关的文件资料。

（10）在进行栽植、抚育和经营管理中，乙方应提供安全的工作条件，并对发生的任何事故或意外伤亡承担法律责任。

（11）乙方应理解其投入部分无偿劳力的义务。

5　奖惩

5.1　凡严格按要求，保质保量按时圆满完成施工任务的合同方，甲方将公开表扬。

5.2　对没有完成任务或所做的工作没有达到规定要求的，要在甲方规定的期限内进行补救。如果整地、栽植或抚育没有达到技术要求，或者成活率低于规定的标准，将不给兑现相应的补贴。

6　附则

6.1　本合同一式两份，甲乙双方各执一份。合同经双方签字即生效并具有法律效力。

6.2　一旦发生不可抗拒的灾害（如严重干旱、洪灾、地震和滑坡等不能预见的主要灾害），或合同任何一方不能履行合同条款，可以提前3个月书面通知对方后终止本合同。如合同的任何一方由于其他的原因不愿继续履行合同，则必须至少在植被恢复季节开始3个月前提出终止合同。

6.3　植被恢复合同应由主管的政府部门正式批准签署，即：＿＿＿＿＿＿＿＿＿＿＿＿

6.4　如果发生合同双方不能解决的纠纷，由上一级政府主管部门作为仲裁者协调解决。如仲裁未果，可以提交法院裁定解决。

6.5　乙方的承包地受法律保护，公路旁的林地如遇公路拓宽占用，只做林木补偿。如因其他用途占地，按国家有关林地征用规定予以补偿。

甲方：县项目办（盖章）	乙方代表（联户见附录5）：（签字）
甲方代表（签字）： 签订日期	签订日期

所选地块的土地使用权详情：

土地使用证／合同号码：

土地使用合同上显示的面积 ＿＿＿＿ 亩

项目预计植被恢复面积 ＿＿＿＿ 亩

见证人：

村委会代表：公章／姓名／职务

乡林业站／林场代表：公章／姓名／职务

合同附录：

附录 1：小班地图

附录 2：植被恢复和付款计划

附录 3：小班记录卡

附录 4：项目苗木标准

附录 5：联户人员名单（供选）

附录 1　小班地图

(略)

附录 2　植被恢复和付款计划

植被恢复类型：E2- 农田防护林　　　　　合同号：

1　立地条件

平坦农田，灌溉设施完善，细砂壤、细砂土或者混有黄土。

2　技术规程

2.1　总体要求

(1) 根据立地条件、防护要求、农民意愿选择树种。如果允许在骨干林带间作农作物，只允许栽培矮秆作物（例如：豆类、马铃薯等）。

(2) 如果在农田防护林带旁栽植果树，防护林带树与果树的距离必须至少在 1.2m。

(3) 必须根据附录 4《项目苗木标准》选用苗木。

(4) 补植苗木供给量不超过总量的 20%。

(5) 栽植坑：60cm×60cm×60cm。

(6) 栽植后（当天）立即浇灌扎根水，每株树最少 40kg。

(7) 栽植后要认真管护，植被不应受到人畜伤害。

2.2　技术规程汇总表

代码	类型	总体要求	树种
E2-1	骨干防护林	尽可能与主风向垂直，由至少3行乔木和1行灌木组成，具有高标准的树种多样性。例如：乔木株行距3m×3m；果树株行距3m×5m；灌木间距1.5m	新疆杨、刺槐、臭椿、沙枣、红枣、沙柳、柠条
E2-2	辅助防护林	至少由2行乔木组成，株行距3m×3m，品字形配置	新疆杨、刺槐、臭椿
E2-3	田间防护林	由1~2行组成，株距3m；如果2行，品字形配置，每亩111株	新疆杨、刺槐、臭椿

2.3　根据国家标准核算面积（亩）

● 单行：长度 ×2m；

● 双行：长度 ×4m；

● 三行以上：长度 ×（实际宽度 +2m）；

注：如果林带涉及 2 户及 2 户以上，均分面积。

3　劳务费付款

3.1　分期付款规程

(1) 一期付款：通过栽植后第二年生长季核查（县项目办核查，省项目办随机抽查），24 元 / 亩。

前提条件：

✓ 成活率 85%（包括自然生长的乔木和灌木）；

✓ 达到树种的物种多样性要求和株行距要求。

(2) 二期付款：栽植第三年后通过县项目办核查与项目监测中心与国际咨询专家随机抽查，8 元 / 亩。

前提条件：

✓ 保存率 65%（包括自然生长的乔木和灌木）；

✓ 达到树种的物种多样性要求和株行距要求。

类型	付款	付款（元/亩）	总面积（亩）	总付款（元）
骨干防护林	一期付款	24.00		
	二期付款	8.00		
	小计	32.00		
辅助防护林	一期付款	24.00		
	二期付款	8.00		
	小计	32.00		
田间防护林	一期付款	24.00		
	二期付款	8.00		
	小计	32.00		
	合计			

请注意：上述补贴数量尚未最终确定。因为，如果其他所增加的部分由中方配套资金承担，德国复兴开发银行同意把农田防护林劳务费补贴增至 40 元 / 亩。

附录 3　小班记录卡

合同号：
（乡技术员填写，拷贝留存乡林业站）

1.地点与所有权			合同/亚小班号：	
县：			乡/林场：	
村/自然村：	亚小班面积（亩）：		净面积（亩）：	
植被恢复类型：			户主/小组名称：	
农户数：	土地使用权：○个体；○小组		土地管理：○个体；○小组	

2. 立地条件	土壤类型：
海拔（m）：	林木/灌木覆被率（%）：
坡度（°）：	草覆被率（%）：
坡向：	稀有物种名称：
坡位：	土地使用前：

3. 植被恢复类型								
投入			提供的栽植材料					
物种	种苗/插条/种子（kg）[①]		数量	日期	数量	日期	数量	日期
	每亩	面积（亩）						
	（　）	（　）						
	（　）	（　）						
	（　）	（　）						
	（　）	（　）						
	（　）	（　）						
提供的围栏材料								

① 以净面积计算，苗木数量包括补植量（补植量填在括号内）。

附录 4　项目苗木标准

树种	来源	苗龄（年）	地径（cm）	高度（cm）	侧根数
新疆杨	插条	2	2.1	200	6
臭椿	种子	1 + 1	2.1	180	6
红枣	根蘖	2	1.1	80	8
	嫁接	1 + 1	0.9	80	8
山杏	根蘖	2	1.1	100	10
	嫁接	1 + 1	0.8	80	9
刺槐	种子	1	1.1	100	8
沙枣	种子	1	0.8	70	7
柠条	种子	1.5	0.8	80	7
小叶锦鸡儿	种子	1	0.3	40	7
花棒	种子	1	0.3	35	5
沙柳	插条		0.8	38	0
沙棘	种子	1	0.3	30	7

注：
(1) 苗木必须健壮、根系完整、无病虫害。
(2) 根长：一年生大于 30cm，二年生大于 35cm。

附录 5　联户人员名单

合同号：　　　　　　联户名称：　　　　小班号：

家庭代表姓名	身份证号	家庭劳动力数量	土地使用合同号码	合同面积（亩）	项目植被恢复面积（亩）	签字
合计						

第2章

小型水体生态恢复技术模式

Ecological Restoration Methods for Small Water Bodies

（1）培训对象：林业、水务系统从事小型水体、湿地恢复或小流域治理的技术人员和管理人员，包括省、市、县、乡（镇）等各级。

（2）培训目标：使学员初步了解、掌握小型水体生态恢复的理念、技术、管理模式，以及规划和监测的技术和方法。

（3）培训人员：国内外从事小型水体生态恢复理论研究、规划设计、施工和监测的专家、教授和高级技术人员。

（4）培训时间、方法和主要内容：见表2-1。

表 2-1　培训时间、方法和主要内容

时间	方式/方法	内　　容
第1天	室内：讲课、讨论、实际案例	● 介绍小型水体生态恢复项目典型案例（北京生态水体恢复项目） ● 讲座：水体生态恢复理论（欧洲的水体近自然治理及水体恢复理念、特点和原则） ● 讨论 ● 讲座：小型水体生态恢复技术 ● 讨论
第2天	现地参观项目	● 参观和学习恢复小型水体上下游连续性技术的实地应用 ● 讨论 ● 参观和学习恢复小型水体与水岸缓冲带连续性技术的实地应用 ● 讨论 ● 总结
第3天	室内总结	● 讨论水体生态恢复技术实施，包括材料、施工、成本、效果、当地社区和农民的可接受性 ● 项目意义、适用性和推广前景（适合大城市、在较高发展阶段的作用） ● 讨论与总结

培训内容概要

由德国复兴开发银行资助，北京市园林绿化中心与北京市水务局负责实施，德国 GFA 咨询公司提供技术支持的"京北风沙危害区植被恢复与水源保护林可持续经营"项目（以下简称德援北京项目），针对北京、河北山区小型水体（面积大于 30km²）的实际情况，根据当地小流域治理的实践需要，引进了欧洲近自然小型水体生态恢复、维护的理念和技术，形成了适合北京地区饮用水水源地保护的小型水体生态恢复与管护模式。该模式以《欧盟水框架指令》（WFD）为基础，旨在对项目区内水体进行生态保护，并对生态已遭到人类活动破坏的水体进行生态恢复。

小型水体生态恢复和管护模式以水体生态恢复理论为基础，遵循"尊重自然、顺应自然和保护自然"三个原则，具体体现为：① 将河溪视为自然生命空间；② 将河溪的原生自然状态或近自然状态作为生态恢复的目标；③ 采用近自然管理技术促进河溪自我恢复自然属性。

本项目形成的"小型生态水体恢复和管护模式"涵盖了基线监测、综合规划和措施实施的全过程。具体按以下步骤实施：① 对项目区进行评估和分析，确定干预目标；② 对目标水体状态进行监测，包括水质、水文形态结构、生物组成（如鱼类、无脊椎动物、植物）；③ 根据监测结果进行评估和缺口分析；④ 确定生态恢复目标，并制订恢复措施和水体管护方案；⑤ 实施上述方案；⑥ 监测生态和水文形态变化，控制实施效率。

小型水体生态恢复目标包括：恢复河流洪涝控制能力（保留洪涝空间）、改善河流生态状况（包括水质、自然流量和保水能力、水底沉积物转移、动植物栖息空间、河流与近岸的水平和垂直连贯性）和支持河流的社会功能（如提供户外娱乐）。德援北京项目采用了多种生态恢复技术（生物工程技术）和近自然工程建设技术，如利用植物植株或种子与石块一起进行河岸护坡，用斜坡代替围堰来改进河流的水平连贯性等。

实施小型水体恢复和管护措施主要依靠河流或小流域的主管部门与其他相关部门（北京市园林绿化局、北京市水务局以及河北省相关部门等）的通力配合，同时在项目的规划和实施阶段，也要与周边社区以及生活在流域中的人们密切合作，建立社区群众的水体主人翁意识。一旦周围社区和群众意识到水体的生态和社会功能，他们就能自觉地投入到水体恢复和管护活动中。德援北京项目中小型水体恢复 6 个试点项目的经验，既可以作为小型水体恢复的典型经验向全国其他地区推广，也适用于大城市内部或周围较大水体的生态恢复。

The Sino-German Project "Watershed Management on Forest Land Beijing" considered the situation of small watersheds (>30 km²) in the mountainous areas of Beijing and Hebei Provinces. The project co-financed by the German Government through KfW was implemented by the Beijing Municipal Bureau of Parks and Forestry (BMBPF) in cooperation with the Beijing Water Authorities (BWA), supported by GFA Consulting Group, Hamburg. The project assimilated the close-to-nature water body restoration and maintenance practices from Europe. Based on the European Water Framework Directive (WFD) this approach intends to preserve the high ecological status of water bodies and to restore the good ecological status for such water bodies with negative impacts caused by human activities (see Best practice 5). Consequently, the process of "ecological restoration and maintenance of small water bodies" covers several steps from baseline monitoring to integrated planning and implementation of measures.

The ecological restoration of water bodies follows three principles: "Preserve nature, restore nature, and support the adaptability of nature". The principles for ecological restoration of water-bodies are:

1. Regard rivers as natural life spaces;

2. Take a river's former or recent status (original natural or close-to-nature status) as an objective standard for rehabilitation;

3. Support the reliance on the river's natural proclivity by using close to nature techniques.

The projects were implemented in cooperation of BMBPF and BWA in following steps:

Step 1: Decision on project goals - Analysis of the project area;

Step 2: Monitoring the status of the water body (Water quality, hydro-morphological structure, biological components – e.g. fish, macro-invertebrates, vegetation);

Step 3: Analysis of deficits - Evaluation of the monitoring results;

Step 4: Decision on restoration objectives - planning of restoration measures and water body development and maintenance plan;

Step 5: Implementation of measures;

Step 6: Efficiency control e.g. ecological monitoring and hydro-morphological changes.

The objectives restoring water bodies include flood control (preserve space for flooding), ecological improvements (water quality, natural discharge and retention, transport of sediments, habitats for plants and animals, longitudinal and lateral continuity in the river and its adjacent land) and to support social functions e.g. outdoor recreation activities. In the project several biological restoration techniques (bioengineering) and close-to-nature construction techniques were promoted and applied, e.g. using plants or seeds in combination with stones for bank protection or replacing weirs by ramps to improve the longitudinal continuity.

These interventions require close cooperation between BWA and BMBPF and other related governmental departments. It was an important element of the project to closely cooperate with the communities and the people living in the project areas during the planning as well as during the implementation stage. Restoration projects need the acceptance of the villagers. This is to create a sense of ownership for the concerned water body among the neighboring population. Once the villages are aware of the important ecological and social functions they are prepared to maintain and to preserve the restored water body.

The experiences out of the six pilot projects can be adopted as best-practice models for replication elsewhere in the country. The lessons learned for rehabilitation of small water bodies can be widely applied also for larger water bodies in and outside larger municipalities.

2.1　小型水体生态恢复技术模式来源

通过北京中德财政合作"京北风沙危害区植被恢复与水源保护林可持续经营"项目（德援北京项目）的实施，针对北京小型水体实际情况，引进欧盟小型水体生态恢复先进理念和技术，结合北京小流域治理和管理实践需要，形成适合北京地区饮用水水源地保护的小型水体生态恢复与管护模式。

2.1.1　模式针对的主要问题

北京历史上沿用的小流域治理理念、技术和方法，多注重小型水体的防洪功能，忽视其在消减洪峰、增加生物多样性、形成理想湿地生态系统等方面的功能，与近自然生态恢复理念还有一定的差距。小型水体生态恢复与管护就是为解决上述问题，通过自然生态恢复措施，改善小型水体以水源涵养为主的多种生态功能。

2.1.2　模式应用范围

北京地区及类似的干旱、半干旱地区，以水源地保护为主的流域地区均可应用。

2.1.3　模式的意义

本模式在生态恢复的理念、技术和方法等方面起到引领和指导作用，实际应用价值高。目前还处于不断发展和完善的过程中，经过进一步完善，可以在更大的范围进行推广应用。

2.2　小型水体生态恢复技术模式的主要内容

2.2.1　小型水体生态恢复技术特点

通俗地说，小型水体（Small Water Bodies）就是指小流域内沟道、溪流和水等的总称。小型水体生态恢复理念源于德国和瑞士，近年来逐步推广到其他国家。1938 年，德国人首先提出近自然河溪整治的概念，指能够在完成传统河流治理任务的基础上满足接近自然、低造价，并保持景观美的一种治理方案。1989 年德国生态学家提出生态工程的理念，即以运用生态系统的自我调节（self-design）能力为基础，强调通过人为环境与自然环境间的互动达到互利共生的目的。因此，生态恢复工程可以说是遵循自然法则，使自然与人类共存，把属于自然的地方还给自然的工程。

小型水体生态恢复工程所重建的近自然环境，能够提供日常休闲游憩空间及各类生物的栖息环境，具有防治洪水、水土保持、生态保育、改善景观、科普教育及森林游憩等功能。随着人民生活品质的逐渐提高，对于自然资源保护和亲近大自然的需求不断加大，人们也逐步认识到传统河道治理工程存在的弊端。因此，应在防治山洪与生态保育之间寻求最佳平衡点，小型水体生态工程在这方面具有较强的优势。我们在利用先进科学技术的同时需要考虑自然环境的可持续发展和利用，需要改变"人定胜天、征服自然"的心态，建立尊重自然、爱好自然，进而亲近自然的观念。

具体地说，小型水体生态恢复的理念包含以下三点：一是尊重自然，即无人为扰动破坏的原始自然河道是最自然生态的。二是顺应自然，按照复制自然的方法进行生态修复：如使用自然的修复材料；施工中保护自然植被，创造水土条件，自然恢复植被等；并尽可能恢复河道环境条件的多样性，如急流、缓流、深潭和浅滩等，为生物多样性创造条件。三是保护自然，对于生态良好的河沟道段，应保护好，防止破坏行为的发生；仅对人为破坏的河沟道段进行生态修复。

2.2.2　小型水体生态恢复原则

一是将河溪（包括河流和溪水等）看作一个自然生命空间；二是将河溪自然状态或原始状态作为河道整治的客观标准；三是强调依靠河溪的自然力来恢复河溪。因此，在河流治理中，应以那些受人类活动影响相对较少、各种自然因素相对较好、对人类的生存和发展相对有益的自然环境为标准进行恢复，使之接近理想中的自然态或原始态环境（即拟自然环境）。根据对自然规律不断深入地认识和把握，利用已掌握的科学技术，特别是采用生态型工程材料与技术，借助自然的自我修复能力，通过能动地模拟自然态或原始态河流，发挥河流对人类生存和发展有益的功能与作用，在短时间内再造接近自然态或原始态的环境。

2.2.3　小型水体生态恢复基本做法

（1）保护自然状态良好的河段

施工过程中，几乎所有的构造物都会对环境造成或多或少的改变或破坏。因此人为构造物能不做就尽量不做、能简化就尽量简化，既减少人为不当的干扰及其对环境的冲击，又能节省工程费用，减少后续维护以及能源的消耗。

在近自然治理过程中，需要对施工河段、周边河段及附近自然环境加以保护，将施工过程中的破坏尽量降到最低。不允许在施工河段附近挖取河沙，或者采集石料用于工程，应采取有效措施保护现有生境。

（2）采用生态措施改善小型水体生态结构

自然的砌石、植被、木材或废弃物（再生利用）等是进行生态恢复工程的最好材料，例如利用植草或木桩作为稳定山坡地的材料，或利用河道土石护岸等方法。自然材质不仅容易取得，也能为生物栖息提供最原始、贴近自然与舒适的空间，同时让景观更自然、协调与美观。

在操作上，应尽量做到界面透水化。水循环是自然生态极为重要的一环，让雨水能够渗入地层，而不直接流入河川、海洋，不但有利于水土保持、地下水源涵养以及微气候的调节，同时也能够减少淹水与局部地区水患的发生。因此，透水的路面、沟渠、堤岸等都是生态工程设计的重点。

（3）提升小型水体生态功能

近自然治理原则主要强调小型水体上下游的纵向连续性及其与水岸缓冲带的横向连接性。

在上下游的纵向连续性方面，为了截流取水或拦截沉淀物和泥沙，许多河流上建有塘坝、截流坝、护堤等设施，这些工程设施阻断了水体的连续性，破坏了水生生物的洄游通道。通过在水坝、截流坝边建设洄游通道或者层叠石阶，恢复水体上下游的连续性，水体中的生物可以通过该通道洄游产卵，完成其生命周期，从而促进和完善水体的生物多样性。

在小型水体与水岸缓冲带的横向连接性方面，水岸缓冲带是水体与陆地植被之间的过渡区域，水岸缓冲带具有保持水土、减少沉淀物和吸收营养成分、减缓水流速度、为水生生物提供生境等诸多生态功能，在自然水体的水岸缓冲带，一般生长着喜湿植物。由于水岸缓冲带的植被可以降低水流速度，因此保护水岸缓冲带的植被，可以降低水流对河床的自然侵蚀，减少下游水库的淤积，起到净化和保持水质的作用，进而降低下游水库的清淤和水处理费用，具有很高的外在经济价值。采用混凝土等治理河道的传统水利工程措施阻断了水体与缓冲带的横向连接性，造成了很多生态问题。通过采用植物体为主的自然材料进行生物工程措施，可恢复水体的横向连接性。

（4）实现多部门、多专业协调合作

水体保护和恢复直接依赖于其所在的水生生态系统、陆地生态系统以及湿地。在气候变化背景下，流域管理的长期性、战略性、综合性至关重要。为了进行有效的流域管理，需要采用多学科的综合方法。理想的情况是一家机构（通常是主管机构）能够集中多学科的专长，如果无法做到这一点，则需要在部门间建立密切的合作关系，以有效协调规划和实施。应利用流域规划这一机会，通过林业与水务部门的合作，将所有有关的信息整合在一起，明确主要问题，制定预防措施，使水体达到良好状态。

（5）采用参与式方法

人们越来越认识到，公众和主要利益相关方在流域管理中的参与至关重要。公众参与的主要目的是保证决策是基于共识、经验和科学而做出的。公众参与可以使决策者考虑影响群体的观点和经验。这一方面有助于产生新颖和有创意的方案，另一方面也更容易使方案为大众所接受。为了实现公众参与，必须促进公众知情和咨询。但应注意，决策过程中的公众参与不是完全自由和不加任何限制的，需要对公众的期望进行管理。清晰的公众参与程序需要明确谁参与、决策以何种方式做出以及何时做出。公众参与的好处包括以下几个方面：

- 提高公众对流域和当地环境问题的认识；
- 利用不同利益相关方的知识、经验和倡议来改善规划、措施和流域管理的质量；
- 获得公众对决策过程的认可、承诺和支持；
- 做出更透明、更有创意的决策；
- 减少诉讼、误会和延迟，提高实施效率；
- 促进社会学习和经验共享，如果参与能形成所有相关方参与的建设性对话，那么公众、政府和专家就能够从各方的"水资源意识"中受益；
- 通过公众参与，可以达成长期的、被广泛接受的流域规划方案。这可以有效避免潜在的冲突、减少传统规划方式带来的问题、降低成本。

2.2.4　小型水体生态恢复技术体系简介

小型水体生态恢复技术主要分为两大类：恢复小型水体上下游纵向连续性和恢复小型水体与水岸缓冲带的横向连接性。具体的技术措施包括：① 防洪空间拓展（拆除原有浆砌石防护坝，拓展防洪空间；拆除河道违章建筑；改移河堤；拓宽局部河段，改善水文形态）。② 改善水质（清理河道及其中的垃圾；保护并重建植被过滤带）。③ 提高河道水文形态等级（治理河道沙石坑，绿化硬质岸坡；改造因滥采被破坏的沙石河道；修复河道水文形态）。④ 河（沟）道纵向连续性恢复措施（改造横向浆砌石谷坊坝；改造横向浆砌截流坝；改造横向浆砌截流坝群；将横向浆砌截流坝改造成量水堰；改造散水坝；改造横向拦水坝）。⑤ 河（沟）道横向连续性修复及生态护坡措施（柳桩码石护岸；河滨码石与植被护岸；硬质边坡绿化、坡脚码石防护、堤脚堤坡稳定等）。⑥ 休闲娱乐措施（汀步、河滨带沙滩）。其主要技术措施见表 2-2。

表 2-2　小型水体生态恢复主要措施概览

小型水体生态恢复主要措施	防洪空间扩展	拆除违建、改造束流工程、清理沟道
	污染物移除	清理沟道、清理村庄垃圾
	纵向连续性恢复	改造谷坊坝、拦水设施、河槽、河床等
	横向连接性恢复	工程改造护坡、护地、护村河堤等
	垂向连通性恢复	工程改造护堤、河床等
	生境构建	构建急流、深浅滩、湿地、水景
	生态护坡	修建坡顶、坡面、坡脚防护工程
	休闲娱乐	修建碎石路、停车场、木栈道、休憩园等

2.2.5　小型水体生态恢复技术详解

2.2.5.1　恢复小型水体上下游的纵向连续性

（1）恢复洄游通道或层叠石阶措施

通过在水坝、截流坝边建设洄游通道或者层叠石阶，恢复水体上下游的纵向连续性，水体中的生物可以通过该通道洄游产卵，完成其生命周期，从而促进和完善水体的生物多样性（图 2-1，其中右侧是原河流，左侧弯曲部分是建设的一条洄游通道）。

（2）去"直"改"弯"措施

通过层叠石阶等方法改造河道以改善水体上下游纵向连续性的同时，还可以采取去"直"改"弯"的手段，提高河道形态的多样性，使水流速度变化多样，为水生生物提供良好的栖息场所和食物（图 2-2）。

与大型水体相连接的近自然小型水体能为鱼类提供生境和慢速流动的食物，发生洪水时，大型水体中的鱼类食物能随洪水流入小型水体并保留在小型水体中。

按照去"直"改"弯"改善河流纵向连续性的原则，德援北京项目也尝试了这一做法，获得了类似的效果（图 2-3，彩版）。

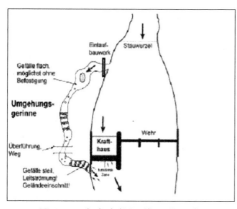

图 2-1　水生生物洄游通道设计

图 2-2　小型水体去"直"改"弯"模拟效果图

图 2-3　子槽开挖施工实现去"直"改"弯"

2.2.5.2　恢复小型水体与水岸缓冲带的横向连接性

在坡度较缓的河岸，可栽植芦苇包；如果水体流速较大，则可以采用活树根生物工程措施（最大摩擦张力 60N/m³）（图 2-4）；如果摩擦张力更大（100~150N/m³），则可采用梢捆工程措施（图 2-5）。如果河岸空间比较局限，则可以采用由活柳条编织的篱笆或者木材栅格结构的"塔门"墙来改造河岸，活体柳条编织的篱笆能承受 120N/m³ 的摩擦张力。在坡度较陡的河岸，为了控制岸坡的冲刷，在岸基码放石块以护坡。通常在码石外侧的坡岸，将活体柳木杆深插土中，萌条后形成 1~2 排柳树进行护岸。这种结合是非常成功的生物工程措施。此外，还有块石护岸（图 2-6 和图 2-7，彩版）以及活体柳木桩岸坡防护（图 2-8，彩版）这两种方法。

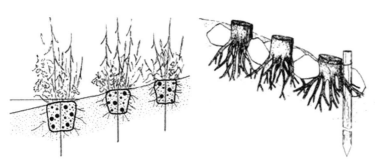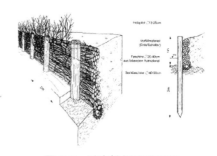

图 2-4　用芦苇包或活树桩改造河岸缓冲带　　　　图 2-5　垂直梢捆改造河岸

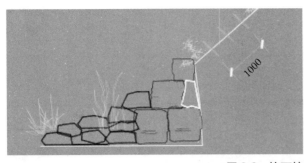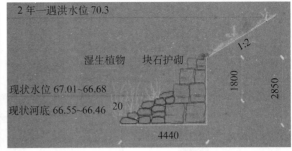

图 2-6　块石护岸设计示意图

图 2-7　块石护岸实施效果

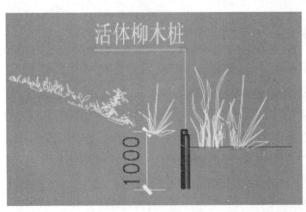

图 2-8　活体柳木桩岸坡防护示意和效果图

2.2.6　小型水体生态恢复监测与评价

对小型水体生态恢复监测和评价的目标为：① 获取充分的信息和数据，确切地了解水体生态状况；② 明确水体的环境问题和修复目标，为制定流域的规划、设计提供参考；③ 合理评估流域治理效果；④ 提出小型水体监测方法与技术路线；⑤ 建立小型水体生态状况评价方法与标准体系，为开展北京地区乃至更大范围的小型水体生态状况分类、分级提供技术支持和参考。

2.2.6.1　小型水体生态恢复监测

（1）调查内容

- 自然地理特征：流域面积、高程、地貌、地形、土壤等自然因素。
- 土地利用情况：流域的土地利用情况。
- 社会经济和污染源情况：流域人口、产业、收入、管理组织等社会经济状况；主要污染源的分布和规模。
- 生物状况：主沟道植被调查，摸清水域及两侧河滩地植被类型和分布情况；底栖动物调查，摸清底栖动物的种类组成与数量。
- 水文形态状况：沟道流量状况，主沟道的水文形态，包括沟道护坡、护底情况和水利工程等，分段获取沟道在三向（横、纵、垂）上的连通性，判断分段和总体的水文形态分级结果。
- 物理化学状况：沟道径流和地下水的物理化学指标，通过系统布设监测点、采样化验等方法，判断地表水和地下水的水质状况。

（2）调查方法

野外实地调查和 GIS 调查相结合，收集必要的基础图件和数据，包括流域地形图、政务数据、社会经济统计资料等，对自然特征、土地利用、社会经济及污染源情况的调查可在这些数据资料的基础上进行，可采取先在室内提取信息，而后野外实地调查补充。

对于沟道植被、水文形态和水质物理化学指标的调查，应组织一次或多次系统的野外调查。植被调查采用样方法和路线法相结合的方式；水文形态可根据专家建议的调查表逐段调查、记录和评价；水质方面应布设监测点采样化验，根据实际情况，地表水可布设 2~4 个点，地下水 0~2 个点，污水 0~2 个点，测定径流流量，化验项目主要包括溶解氧、总氮、总磷、五日生化需氧量、高锰酸钾指数和悬浮物等。

2.2.6.2　小型水体生态恢复评价

（1）小型水体生态恢复评价的目的

- 制定某地区小型水体生态状况分级标准；
- 了解小型水体的生态状况，完成生态状况分级；
- 若水体受到破坏或退化，研究和判断可能的原因，作为小流域规划和设计工作的参考；
- 根据水体生态状况在工程前后的变化，对本次水体恢复治理工程进行效益评估。

（2）小型水体生态恢复评价内容

- 研究评价地区小型水体生态状况分级标准，包括水体生物质量、水文形态等要素分级标准；
- 分析生物、水文形态和物理化学等水体监测数据，应用分级标准，完成小型水体生态分类；
- 分析小型水体存在的环境问题，研究和判断可能的原因，对小流域规划设计提出指导意见；
- 分析小型水体恢复工程实施前后的监测数据，评估水体近自然恢复的工程效果。

（3）小型水体生态恢复评价方法

开展水体评价时，应遵循一定的步骤程序，并依照相关标准规范进行分类、比较。一般依据《欧盟水框架指令》、《地表水环境质量标准（GB 3838—2002)》、《地下水质量标准（GB/T 14848—93)》和《生活饮用水卫生标准（GB 5749—2006)》等标准规范进行分类、评价。评价步骤包括：
- 现场调查，获取监测数据，统计分析；
- 确定生物质量、水文形态和物理化学质量的判别标准；
- 确定水体现存主要问题，综合影响因素分析，给出可能的原因，为恢复治理的规划设计提出方向性建议；
- 通过治理前后水体生态状况及其分类结果的比较，对治理效益进行评估。

根据监测评价调查结果，可以把开展生态恢复前、后的小型水体（河流、小溪等）分为Ⅰ级、Ⅱ级、Ⅲ级、Ⅳ级和Ⅴ级（图2-9至图2-13，彩版）。各级水体的主要特点如下：

图2-9　Ⅰ级水体示意图

Ⅰ级水体
主要特点：
- 保持自然；
- 河流连续；
- 无人为干扰。

图2-10　Ⅱ级水体示意图

Ⅱ级水体
主要特点：
- 接近自然；
- 流水与泥沙输移畅通；
- 河道一岸被束窄；
- 河底与地下水连通；
- 无横向水利工程。

图2-11　Ⅲ级水体示意图

Ⅲ级水体
主要特点：
- 流水与泥沙输移受中等程度的影响；
- 河道两岸被石墙束窄，河底连通；
- 有少量小型跌水或横向拦挡物，但不阻碍河流连续性。

图2-12　Ⅳ级水体示意图

Ⅳ级水体
主要特点：
- 流水与泥沙输移受较大影响；
- 河道两岸被石墙束窄；
- 河底连通；
- 横向工程在一定程度上阻碍河流连续性。

Ⅴ级水体

主要特点：

● 河流两岸石墙束窄；

● 河底铺就混凝土，与地下水无连通；

图 2-13　Ⅴ级水体示意图

2.3　小型水体生态恢复技术模式的实施

2.3.1　主要步骤

① 对项目各利益相关方进行充分的培训，内容包括恢复理念、技术和管理等方面；

② 通过公开招标方式选择项目规划单位，签署合同，并编制小型水体生态恢复规划；

③ 根据规划，通过公开招标方式选择项目设计单位，签署合同，并编制小型水体生态恢复设计方案；

④ 根据设计方案，通过公开招标方式选择项目施工单位，签署合同；

⑤ 根据设计方案，通过公开招标方式选择项目监理单位，签署合同；

⑥ 开展项目施工，必要时修改项目设计；

⑦ 完工后进行项目初步验收；

⑧ 根据初步验收结果，适时进行项目竣工验收；

⑨ 开展工程影响监测；

⑩ 进行工程后期维护（将工程移交给当地村委会并签署移交协议）。

2.3.2　组织管理和政策支持

（1）组织管理

● 建立跨部门合作机制〔水务部门与林业部门在省（直辖市），区（县），以及乡（镇）级的合作〕；

● 基于流域的跨地区合作（如在德援北京项目中的北京市与河北省的合作）；

● 加强项目管理部门、设计单位、施工单位、监理单位之间的沟通交流；

● 加强当地村民在小型水体生态恢复参与式规划中的作用（主要指在规划内容上的话语权）以及使当地村民以合适的方式参加工程施工活动。

（2）政策支持

建立由农村管水员组成的水体管理保护基层队伍，主要负责沟道的管理。农村管水员是北京五级水管工作中最基层的一级，由农民用水者协会管理。2006 年 6 月 23 日，北京市人民政府办公厅转发了市水务局等部门《关于建立和完善农村水务建设与管理新机制意见的通知》。《通知》明确了农民用水者协会的任务及管理体制。农民用水者协会作为农村水务建设与管理的主体，承担村安全饮水、水资源保护、污水治理、节水管理、用水管理、河道管护等相关工作。农民用水者协会属于社会团体法人，下设农村管水员，其主要职责是机井管理、用水计量、水资源费征收、河道管护等。

结合农民就业安置工作，组建农村管水队伍。每村按工作量合理确定管水员人数，全北京市确定 10800 名农村管水员，由市级财政按照每人每月 500 元的标准给予补贴。

2.4　模式成本和效益

根据对北京市 6 个小型水体和河北省丰宁县 1 个小型水体进行生态恢复的实际费用支出情况，估算得出实施小型水体生态恢复综合成本约 14.5 万元 / km²，包括规划、设计、施工和检查验收费用，以及相关的招投标费用。

除直接成本外，小流域所在区域还要为保护小型水体的生态功能付出一定的发展机会成本。例如，为了保护水源、减少污染，密云水库流域放弃了很多发展经济的机会，所以密云水库流域水源保护区内的经济发展水平整体相对滞后。因此，提高人民收入、改善群众生活水平对于提高当地群众生态保护的积极性，促进社会可持续发展具有重大意义。在小型水体恢复过程中，通过参与式规划，征求当地农民对项目实施的意见和建议，让群众了解村流域发展规划和措施，鼓励村民参与项目工程，让当地农民从中受益，可以显著提高当地群众收入。

在小型水体生态恢复设计施工过程中，除了考虑沟道生态功能恢复的需要外，还应该充分考虑附近村民生产生活的需要，例如：在村民需要灌溉用水的区域，保留适当的堤坝以形成水面；在经济发展水平相对落后的小流域，改造水体的同时，帮助村民引自来水入户；在拆除污染沟道的厕所后，新建环保厕所；在清理侵占沟道的圈舍后，为村民新建保温圈舍。德援北京项目采取多种方式，改善了群众生活，增加了村民对于生态恢复的认同感，因此得到了当地群众的广泛支持，提高了项目的社会效益。

从效益上讲，小流域生态恢复的效益主要体现为保持生态功能和环境健康这一巨大的长远效益上。但这一效益存在明显的外部性，也就是说受益方是北京市的全体居民。因此，现阶段，应由政府作为公共利益的代表者和中间人，承担这种生态与环境恢复的成本，未来，随着经济的进一步发展和社会管理制度的完善，也可考虑制定生态环境受益者直接付费的制度，有受益者直接支付流域生态恢复和维护的费用成本。

2.5　模式推广前景

德援北京项目的实践显示，在各有关单位的支持下，林业和水利部门认识到了跨部门合作对于流域管理的重要性，实现了由传统的沟道治理观念向生态恢复理念的转变，并将其推广应用到北京市的水体恢复项目，引导了北京市水体治理方向。未来计划通过宣传和推广，将取得的经验与其他省市共享，积极推进全国水源地的生态保护工作。

小型水体生态恢复和管护模式对于中国很多大型城市都具有重要的意义，能够有效地通过近自然水体生态恢复技术来保护水源、恢复生态环境、保持生物多样性。当然，也应当看到，这套方法的有效实施，需要政府主管部门转变观念、保证预算、强化能力，同时也需要加强与当地社区群众的良好沟通和互动，方能实现城市和乡村双赢的和谐发展。

参考文献

马丁·格里菲斯.2008.欧盟水框架指令手册 [M].水利部国际经济技术合作交流中心，译.北京：中国水利水电出版社.

蔡晓明.2000.生态系统生态学 [M].北京：科学出版社.

戴梅.2010.对河道治理及生态修复的思考 [J].水科学与工程技术（2）.

董哲仁.2002.生态—生物方法水体修复技术 [J].水利水电技术,33（2）.

钟春欣.2004.张玮.基于河道治理的河流生态修复 [J].水利水电科技进展,24（3）.

杨芸.1999.论多自然型河流治理对河流生态环境的影响 [J].四川环境,18（1）.

乐茂华，刘军，胡和平.2011.深圳市河道生态修复理念及其治理技术 [J].中国河道治理与生态修复技术专刊.

北京市水利科学研究所.2011.北京中德财政合作项目小型水体生态恢复规划 [C].京北风沙危害区植被恢复与水源保护林可持续经营项目技术材料.

北京市水利科学研究所.2012.北京中德财政合作项目小型水体生态恢复设计 [C].京北风沙危害区植被恢复与水源保护林可持续经营项目技术材料.

附件 北京市怀柔区北宅小流域生态恢复工程

1 项目区概况

1.1 地理位置及项目区范围

北宅小流域地处怀柔水库上游 1.6km，怀九河是流域内主要河流，流经北宅小流域河道段长 4.8km。小型水体生态恢复工程河道段起点为北宅大桥上游 737m 处，终点至北宅大桥下游 530m 处，全长 1267m。生态恢复怀九河小型水体恢复河道段位置如附图 2-1（彩版）所示。

附图 2-1 北宅小型水体恢复河道段位置图

1.2 水生态现状

（1）生态基流量

根据前辛庄 1956—2000 年水文系列分析，怀九河多年平均径流量为 5759 万 m³，最大径流量 14509 万 m³（1969年），最小径流量 1095 万 m³（1980 年）。其年内分布和年际分布都呈不均匀状态，年内 7~10 月径流约占全年的80%，年际间分布也极为不均，最大来水量为最小来水量的 11 倍。

（2）水质现状

根据相关资料，怀九河主要水体水质为 Ⅱ 类，能满足水功能区划对河流水体水质的要求。

（3）生物多样性

北宅小流域怀九河河道段上半段两岸植被条件良好，河道常年流水不断，生物多样性较好；下半段由于历年治理过程中采用的工程措施多、植物措施少，并且对原天然河道环境造成了一定的影响，导致河流自然形态受到破坏，河滨带不完整，河流生物多样性降低。同时以北宅村为中心的民俗旅游业的发展也对河流生物多样性带来不利影响，导致河流生物多样性的降低。

1.3 水资源利用现状

该流域年用水量约 32 万 m³，主要包括生活用水和农业用水。因农业用地多紧邻河道，农业灌溉用水相对便利。近年来小流域内水资源利用状况变化不大，局部地区呈现紧张局面。

1.4　生态恢复河道段现状

该小型水体生态恢复工程是流经北宅小流域的怀九河出口段长约 1267m 的河道进行生态恢复，起点为北宅大桥上游 737m 处，终点至北宅大桥下游 530m 处。北宅大桥上游长 737m 的现状河道基本保持自然河道状态，左岸部分段岸坡现状为浆砌石护砌，其他段为较为平顺的自然土坡；由于未经过治理，在人为破坏及洪水冲刷下，右岸河坡坍塌，破坏严重；河底凸凹不平（见附图 2-2，彩版）。

附图 2-2　北宅大桥上游河道治理前状况

北宅大桥下游 530m 的现状河道曾经治理，两岸边坡砾石护岸，铅丝石笼护脚，河道两岸已完全人工化、渠道化；大部分河道河底有卵石和砾石堆积物，只在靠近治理终点处为自然状况。

2　水体生态功能恢复限制因素

上述小流域自然条件、人为活动和河道现状的综合分析，怀九河水体生态功能恢复的主要限制因素如下。

2.1　河道自净能力降低

对北宅大桥上、下游河道段历年的治理过程中采用的工程措施多、植物措施少，并且对原天然河道环境造成了一定的影响，这使得河道的自净能力有所降低。

2.2　旅游业的发展造成水体污染

随着旅游人口的增多，加之餐饮点逐渐增多，生活垃圾量、污水排放量将会增大，这将对怀九河造成一定的影响，河道水质存在着隐患。

3　生态恢复目标

通过河道湿地建设、生态措施护岸、驳岸、植物种植等近自然治理措施，恢复河道两侧的水陆生植物，构建河流健康河滨带生态系统；对砂砾质河底营造微地形，提高空间异质性，为水生动植物提供良好的栖息地；最终达到重建和保持其生态功能，增加水体景观和水资源的价值，构建怀九河"水清、岸绿、流畅、景美"的生态水景观。

4　工程布置

4.1　生态恢复范围

生态恢复设计以北宅大桥为界分上游和下游两部分，北宅大桥上游段生态恢复河道长 737m，北宅大桥下游段生态恢复河道长 530m。

4.2　治理措施

4.2.1　北宅大桥上游段治理措施

(1) 河底、河坡平整

维持河道现状走势，根据现地实际情况，对上段河道部分河底进行清理、平整，对两岸陡坡进行削坡，为下一步生态护坡创造条件。

(2) 修建跌水结构

对治理段河道起点处现状残破跌水拆除后重建。为了解决河底高差大，同时保证景观效果，跌水采用混凝土基础景观石叠放结构，利用不规则石块，错落摆放，形成一种自然的野趣（见附图 2-3）。

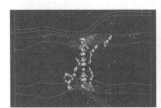

附图 2-3　跌水设计示意图

跌水宽 28m，顺河向长 3m。跌水基础采用厚 0.5m 的 C25 钢筋砼。在跌水面层，结合景观功能需求，摆放景观石及汀步石，景观石厚度不小于 0.3m。跌水上下游河底及河坡采用浆砌石护砌，跌水上下游河底及河坡护砌长度各 5m，厚 0.5m，两岸边坡护砌高出跌水 0.5m。同时在石头之间种植水生植物，软化石头和水流之间的碰撞，在解决观赏效果的同时，景观石还可以作为汀步，供人们随意穿梭，进而更好地亲近水、亲近自然。

(3) 植物护岸

在较缓的河道两岸土质边坡及岸边河滩地进行植物护岸。绿化采用乔灌草多种类结合、园林式配置，与周边环境协调，和河道景观对应，达到保护河道、净化水源、美化环境的目的。

① 在现状水面以外两侧 1~4m 范围内及河滩地种植芦苇、菖蒲、千屈菜等湿生植物。

② 河道边坡种植花灌木及草本植物，选择沙地柏、迎春等，其中点缀花灌木。

③ 在边坡外侧地势较高处种植柳树等树木。

④ 结合实际，布置小景观，满足休闲需求。

(4) 卵石、块石护岸

利用卵石、块石等天然材料，在河道常水位上下波动范围沿河岸脚码砌，形成天然的卵石、块石护岸，削减河水对岸边的冲刷，岸坡上种植湿生、中生草本植物和灌木，使驳岸与周边植被自然融合（见附图 2-4 和附图 2-5）。

(5) 柳条护岸

在坡度小于 1∶1.5 的河岸，使用耐水湿、萌发力强的柳条护岸，使河道与植物融为一体，达到自然状态的空间景观。于岸坡脚种植 3 行柳条，行距 0.5m。柳条直径约为 1~3cm，长 60~90cm。

(6) 活体柳木桩岸坡防护

选择长 0.8~1.2m、直径 8~10cm 的柳木桩密插一行，间距 15~20cm（为桩径的 2 倍左右），埋深约为长度的 80%，错落有致（见附图 2-6）。

4.2.2　北宅大桥下游段河道治理措施

(1) 椰纤植生毯护坡

在两岸硬质边坡和铅丝石笼上覆 30~50cm 种植土，边坡 350m 范围内种植土上铺设椰纤植生毯，其上种植草本植物并点缀花灌木，进行全面绿化（见附图 2-7，彩版）。

(2) 开挖子槽

将现有水面进行连通，种植水生植物，在现状河道治理的基础上，通过开挖子槽连通现有水面，子槽两侧及周边种植水生植物，并布设景观石等（见附图 2-8，彩版）。

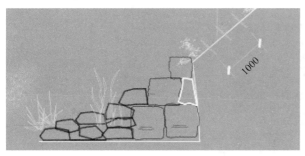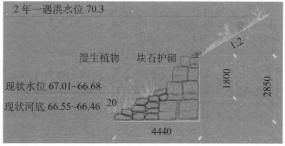

附图 2-4　卵石、块石护岸示意图

附图 2-5　卵石、块石护岸实施效果

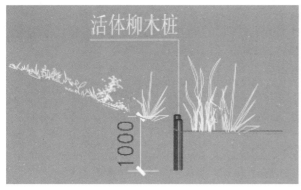

附图 2-6　活体柳木桩岸坡防护

（3）微地形改造

河道中比较大的水面，在保留自然状态的基础上，设计高低起伏的地形，为湿生植物生长创造条件，利用景观石作为护岸点缀，创造乔灌草多层次景观效果。

（4）岸坡绿化及湿地恢复

在北宅大桥下游距治理终点 200m 范围内的河道段，河底基本为自然状态，种植湿生植物，恢复湿地。

4.2.3　道路和停车场建设

（1）道路

从北宅大桥沿怀九河右岸到治理起点（跌水处）长 700m 道路现为土路，修建水泥混凝土路面，路面宽 3.0m。并在 450m 处设置一段 30m 长的错车道，宽 4m。

（2）停车场

在混凝土道路的距起点 80m 处修建 1 处砂卵石硬化的停车场，面积约 200m²。

附图 2-7　椰纤植生毯护坡施工

附图 2-8　子槽开挖施工现场

第3章

草原可持续管理技术模式

Sustainable Grassland Management Model

培训方案

培训内容概要

培训内容

（1）培训对象：省、市、县、乡草原管理部门的专家和技术人员。另外也可培训国际和国内草原退化治理和荒漠化防治项目管理人员。

（2）培训目标：使学员理解并掌握草原可持续管理的法律法规和政策、科学原理和操作方法及技术，包括草原监测评估方法、划区轮牧的规划、设计以及实施过程中的监督管理等。

（3）培训人员：国内外从事划区轮牧、草原可持续管理的专家学者和技术人员（如德援宁夏项目的专家和技术人员）。

（4）培训时间、方法和主要内容：见表3-1。

表3-1 培训时间、方法和主要内容

时间	方式/方法	内 容
第1天	室内：讲座、讨论、实际案例分析	● 介绍典型项目（如中德合作荒漠化防治宁夏项目） ● 讲座：草原管理相关理论（草原类型、放牧、禁牧、划区轮牧、以草定畜等） ● 讨论 ● 讲座：草原相关法律法规 ● 讨论 ● 讲座：项目中的以草定畜和划区轮牧做法（草场监测和评估、划区轮牧、实施和监管） ● 讨论
第2天	室外：参观项目区	● 参观宁夏盐池项目区技术模式的现地应用，学习划区轮牧等措施经验 ● 讨论 ● 与技术人员和农民小组分别座谈讨论：技术特点、项目成效、划区轮牧的成本和效益等 ● 讨论和总结

培训内容概要

　　长期以来，我国草原退化已经成为了一个不争的事实。宁夏的情况与全国总体情况类似。由于长期的过度放牧、滥采、乱挖、乱垦等不合理生产经营活动，宁夏全区各种类型草原都出现了不同程度的较大面积的退化、沙化。其中，发生中度退化的草原面积达 133.2 万 hm²，占全区草原总面积的 54%；重度退化面积 88.7 万 hm²，占全区草原总面积的 36%。退化草原占沙化面积的 1/4。由于草原退化形势严峻，宁夏回族自治区人民政府于 2003 年通过立法，在全区实行草原禁牧封育。10 年过去了，全面禁牧措施有效促进了草原生态的恢复，却也从一定程度上限制了当地畜牧业发展。同时，完全禁牧可能造成草原火灾、牧草资源的浪费，草原长期缺乏放牧啃食也会带来牧草生长受抑制等问题。

　　中德财政合作中国北方荒漠化综合治理宁夏项目（以下简称"德援宁夏项目"）引进了国际草原管理经验，探索了以划区轮牧为核心的利用方式，由农牧民组成放牧小组来参与草原可持续管理做法和实践，初步形成了一套既有利于草原保护，又能通过合理放牧活动促进畜牧业发展的草原可持续管理技术模式。

　　这一模式的基本原则包括：

　　（1）生态优先，禁用结合；

　　（2）以草定畜，草畜平衡；

　　（3）牧民为本、自愿参加；

　　（4）科学规划，分区指导。

　　草原可持续管理技术模式包含以下几个要点：首先必须进行草场评估，可采用省级草原监测站点的评估标准，根据评估结果确定是否适合采用可持续管理技术模式。如果评估结果符合采用可持续性草原利用生态指标标准，草原就被划定为"草原可持续管理"模式（也就是德援宁夏项目中界定的 R2 模式[15]）。该模式在干草原和荒漠、半荒漠草原类型的草原上一般每个放牧单元面积为 200hm²，至少能够划分为 4~6 个轮牧分区。农牧民自愿结成小组参与项目，按照"以草定畜"原则来实施季节性划区轮牧。截至 2013 年，该模式已在宁夏盐池县大水坑镇

---

[15] 按照不同治理目的和方向，德援宁夏项目荒漠化防治活动设计分为两大类，第一类是草地改造（Rangeland Rehabilitation），称为 R 系列，共有 3 种模式，分别是 R1 草地封育、R2 草地可持续管理或经营、R3 草地饲草生产；第二类是草地水土保持（Erosion Conservation），称为 E 系列，有 6 种模式，包括 E1 草地生态封禁（保护促进天然更新）、E2 沙丘生态治理、E3 沙丘草方格治理、E4 农田防护林、E5 压沙地种植枣树、E6 草地天然枣树恢复。

的 6 个行政村的 1.7 万 hm² 草原范围内实施，采用轮牧措施的草原面积达 8000hm²，分区放牧羊只达到 6000 只。实践证明，该模式的实施已经取得了良好成效，初步达到恢复草地生机，提高草地生产效益，保持草地生态平衡，使草地得以永续利用，而且与舍饲养殖相比，降低了羊只生产成本，切实提高了农牧民的经济收益。

德援宁夏项目的实践证明，草原可持续管理模式具有很强的科学性，对于探索草原保护与管理具有十分重要的意义，值得在宁夏全区以及全国范围推广。当然，也需要看到，推广该模式并非易事，需要各级政府和技术人员转变草原管理观念，从纯粹保护转变为保护与合理管理利用并重，同时还需要根据各地的情况与需求，进行草原管理政策的创新和变通。

Summary of the Model "Sustainable Grassland Management"

第 3 章　　草 原 可 持 续 管 理 技 术 模 式
Sustainable Grassland Management Model

It is an undisputable fact that for a long time, grassland degradation has been an occurring in China. The situation in Ningxia is no exception. Due to decades of overgrazing, illegal farming, and mushroom and medicinal herb collection, the grassland in Ningxia has been degraded and sandified to a large extent. Areas with mid-level and heavy degradation have reached 1332000 hm² and 887000 hm² respectively, accounting for 54 percent and 36 percent of the total territory. One-fourth of the sandified area is degraded grassland. Confronted by this serious situation, the Government of Ningxia issued a regulation implementing a provincial grazing ban in 2003. The grazing ban has been in force for over 10 years now and the protected grasslands have been restored to various degrees.

However, this non-grazing policy is not in line with the provincial government's policy on development of animal husbandry. Furthermore, the grasslands under the grazing ban may catch fire, and furthermore, the growth of grass may be retarded by total lack of grazing which to some extent often stimulates plant growth.

The Sino-German Integrated Desertification Control Project Ningxia (henceforth termed the Ningxia Project), co-financed by the German Government through KfW and implemented by the Ningxia Forestry Bureau with support of DFS Deutsche Forstservice GmbH and GITEC Consult GmbH, has introduced an advanced grassland management technique and the practice of seasonal rotational grazing with paddocks. It has farmer groups participating in the project planning, design and implementation stages, and has developed a sustainable grassland management model that benefits grassland utilization and protection at the same time, as well as animal husbandry (sheep and goats).

The following are the main principles of the sustainable grassland management model. (1) Priority is given to ecological aspects with utilization and protection, (2) focus on attaining a balance between the quantity of grass and the number of animal stock, thus causing no degradation, (3) the project respectfully defers to the wishes of the farmers and herders by giving them the right to choose whether or not to participate in the project, (4) undertaking scientific planning and providing technical advice to farmers and herders for grassland management.

Major points of the model include the following. Firstly, the grassland must be assessed to decide if it is appropriate to adopt the sustainable grazing management model. The criterion is that grassland would be judged based on the Provincial Grassland Station's monitoring results. If the results are in line with the minimum standard for sustainable grassland utilization, the grassland would then be classified as R2 (Ningxia Project defined R2 as "sustainable rangeland management" category) with a minimum area of 50 hm², which can be divided into four or more paddocks. Farmers or farmer groups are required to participate in the project and practice seasonal rotational grazing based on the principle of attaining a balance between grassland area and the number of animals. By 2013, the model has been implemented in six villages in Dashuikeng town of Yanchi County, Ningxia, covering an area of 17000 hm², of which 8000 hm² was under rotational grazing for 6000 sheep. The field demonstration has been successful in improving the growth of the grassland, and at the same time reducing the production cost to farmers of raising sheep in pens (stable feeding), thus increasing the profitability to the farmers.

The Ningxia Project shows that the sustainable grassland management model is scientific and will be highly important both in theory and in practice in exploring grassland protection and management. The model should be replicated elsewhere in Ningxia and the whole country. Nevertheless, it has to be noted that replication is not an easy task. It requires that leaders and technicians at various government levels change their mindset and move from techniques based on pure protection to a strategy that integrates both protection and management. Also, sustainable grassland management policies should be innovative and flexible enough to adjust to the local needs and situations.

3.1　草原可持续管理技术模式来源

宁夏位于中国西北内陆，居黄河中游上段，土地总面积 664 万 hm²，草原面积 244.3 万 hm²，约占全区土地总面积的 36.79%。天然草原主要分布在南部黄土高原和中部风沙干旱地区，是宁夏生态系统的重要组成部分，是黄河中游、上段的重要生态保护屏障，也是发展现代畜牧业的重要物质基础和广大农牧民赖以生存的基本生产资料。境内天然草原呈现明显的水平分布规律，从南到北依次分布着森林草原、草甸草原、干草原、荒漠草原等 11 个草原类型。干草原和荒漠草原是宁夏草地植被的主体，分别占草地总面积的 24% 和 55%。

长期过度放牧、滥采乱挖乱垦等不合理的生产经营活动，造成全区不同类型草原不同程度的大面积退化、沙化，其中发生中度退化的草原面积达 133.2 万 hm²，占草原总面积的 54%，重度退化面积 88.7 万 hm²，占 36%。退化的草原面积大约占沙化面积 25%。中部干旱带草原沙化区是我国沙尘暴源区之一。近年来，通过实行禁牧封育政策，草原植被得到了明显恢复，但草原生态环境的脆弱性还未从根本上改变，保护草原生态的形势依然严峻，草原保护与建设亟待加强。

中德财政合作中国北方荒漠化综合治理宁夏项目（以下简称德援宁夏项目）的目的是遏制荒漠化和水土流失、改善生态环境和实现草地资源的可持续利用。项目的实施是对 2003 年 5 月 1 日《宁夏回族自治区人民政府关于对草原实行全面禁牧封育的通告》中指出的"保护草原，恢复草植被，改善生态环境，实现草原资源的永久利用和草畜产业的可持续发展"的极大支持。

为了进一步巩固宁夏禁牧封育成果，有效发挥草原生态功能，实现草地经济效益的最大化，创新草原畜牧业可持续发展机制，实现草原资源建设、管理、合理利用的有机统一，德援宁夏项目在盐池县境内开展了草原可持续管理技术模式示范。

该项目创新之处在于，运用国外划区轮牧的先进理念和方式，借鉴宁夏小范围实验研究成果，依据当地自然条件，在符合草原可持续管理实施要求（夏季 8 月的草原地表植被覆盖率大于 70%）的大面积草原上，实行以草定畜的季节性划区轮牧，通过控制草畜供需平衡，协调保护与利用，实现草原植被恢复、农牧民收入增加的目的。

3.1.1　模式针对的主要问题

本模式针对的主要问题是在草原退化区域，农牧民仍需要通过放牧来发展畜牧业，维持生计和提高收入。这是草原生态保护和畜牧业发展的一对矛盾，如何有效地减轻和解决这对矛盾是广大草原地区面临的现实问题。在宁夏实施的中德合作荒漠化治理项目期望通过应用国际和国内草原可持续管理理论和实践探索，寻求缓和并最终解决以上矛盾的方法。

3.1.2　模式应用范围

本模式广泛适用于我国华北、西北如山西、陕西、宁夏、甘肃、内蒙古、新疆和青海等草原地区，应用前景十分广阔。但需要注意的是，并不是所有类型的退化草原都适于此种模式，要视具体的退化程度而定。例如，退化严重的草场就不能划区轮牧，而需要采取禁牧封育等其他措施。判断哪种草原或草场适合于这种以草定畜、季节性划区轮牧的可持续管理模式需要对草场进行实地评估。为此，德援宁夏项目制定了一套技术指南来帮助进行草原现地评估。

3.2　草原可持续管理技术模式的主要内容

3.2.1　法律、政策和理论依据

3.2.1.1　法律、政策依据

我国现有法律、法规和行业政策对草原保护、划区轮牧、以草定畜等均有规定，相关内容摘录如下：

- 《中华人民共和国草原法》第三十四条"牧区的草原承包经营者应当实行划区轮牧，合理配置畜群，均衡利用草原"。
- 《宁夏回族自治区草原管理条例》第二十条"草原承包经营者应当以草定畜，合理利用草原"和第二十三条"草原承包经营者应当遵守县级以上人民政府建立的季节性休牧和划区轮牧制度，合理配置畜群，均衡利用草原"的规定。
- 《国务院关于加强草原保护与建设的若干意见》（国发 [2002]19 号）提出"根据区域内草原在一定时期提供的饲草饲料量，确定牲畜饲养量，实行草畜平衡、推行划区轮牧、休牧和禁牧制度"。"为合理有效利用草原，在牧区推行草原划区轮牧；为保护牧草正常生长和繁殖，在春季牧草返青期和秋季牧草结实期，实行季节性休牧；为恢复草原植被，在生态脆弱区和草原退化严重的地区实行围封禁牧。各地要积极引导，有计划、分步骤地组织实施划区轮牧、休牧和禁牧工作。地方各级畜牧业行政主管部门要从实际出发，因地制宜，制定切实可行的划区轮牧、休牧和禁牧方案"。
- 《宁夏自治区人民政府关于进一步加强草原保护与建设的意见》中明确提出，"各级人民政府要按照《国务院关于加强草原保护与建设的若干意见》的精神要求，将草原保护与建设纳入国民经济和社会发展计划，逐步增加对草原保护与建设的投入。自治区财政要安排专项预算资金，支持草原保护与生态建设工作"。"加强草原科学技术的研究与应用。要把草原保护与建设的科学技术研究与应用纳入自治区科技发展计划，加强草原退化机理、生态演替规律等基础理论研究，加强草原植被恢复与重建、优质抗逆牧草品种引种选育等技术的研究和开发"。
- 《自治区人民政府关于对草原实行全面禁牧封育的通告》指出："草原禁牧封育后，逐步建立科学合理的休牧、轮牧制度"。
- 根据德援项目区草原植被恢复情况，经请示自治区人民政府同意在宁夏盐池县部分乡镇

开展划区轮牧试验。

3.2.1.2　理论依据

划区轮牧（rotational grazing）是一种科学的放牧制度，一种有计划的、按照规定的放牧顺序、放牧周期和分区放牧时间，进行逐区放牧、轮回利用草原的放牧方式。

划区轮牧是把草地的利用与休闲恢复在时间和空间上进行科学组合。在利用过程中，配合放牧强度和放牧频率的调整，使家畜均衡采食牧草、给草地休养生息的机会，使牧草生长与家畜营养之间实现数量上的动态平衡。由此达到恢复草地生机，提高草地生产效益，保持草地生态平衡的目的，使草地得以永续利用。国内外大量的试验研究也充分证明，适当的放牧强度和科学的草地利用方式对保持草原生态系统的健康和更新具有重要的促进作用。

目前，划区轮牧制度在欧洲、美国湿润地区、新西兰及非洲部分地区被普遍接受。我国在西部大开发战略实施过程中，草地生态环境及草场合理利用问题得到各级政府的高度重视，草地保护问题处于突出位置。我国草地资源丰富，以放牧利用为主，草地管理的好坏直接影响草地的持续生产力。因此，研究放牧制度对草地生态系统的影响，既可以在理论上阐明划区轮牧和连续放牧对植被—土壤—家畜系统的作用机理，丰富放牧生态学的内容，又可以在畜牧业生产上提出切实可行的管理措施。在我国现行草地生产条件下，探讨家庭牧场划区轮牧技术系统，对草地生态环境的保护、草地畜牧业的可持续发展、牧民增收等都具有现实而重要的意义。

3.2.2　模式的基本原则

《宁夏回族自治区草原管理条例》第八条"草原属于国家所有，即全民所有"。因此按照有关规定草原必须实行承包责任制，使草原的管理、建设和使用有机结合，责任、权利和义务相统一。实现草原可持续管理应该遵守以下主要原则：

（1）生态优先，禁用结合：要把维护好草原生态放在突出地位，正确处理生态效益与经济效益的关系，使禁牧、休牧、轮牧措施结合进行。

（2）以草定畜，草畜平衡：依据不同草原类型，以试验研究为依据，科学核定合理载畜量，杜绝天然草原的再次超载放牧。

（3）牧民为本、自愿参加：选择有积极性、自我管理、自我约束性强的村、组和农牧户来开展示范。

（4）科学规划，分区指导：在科学规划的基础上，草原实行"宜封则封，宜牧则牧"；因"草"制宜，分区规划，分类指导，不能"一刀切"。

3.2.3　模式技术特点和要点

本模式包括草原快速监测评估和划区轮牧设计两项核心技术。草原快速监测评估可以参考德援宁夏项目"项目技术设计指南"（见本章后附件）进行，而草原快速监测评估结果作为是否采用划区轮牧的判断依据。根据草原评估结果估算草原平均生产力，确定可承载的牲畜数量，控制草畜平衡，制订轮牧方案，进而达到草原植被正向演替和畜牧业生产发展双赢的目的。

3.2.3.1　草原快速监测评估

科学监测和正确评估草原植被演替状况是决定模式成功与否的关键。草原快速评估／监测技术方法需要在草原监测长期实践和草原专家经验、知识和资料积累的基础上制定形成。首先是对项目区现有的草原植被类型进行详细而标准的描述，总体反映草原植被类型、主要草种和植物群落状况。根据草原评估得到的植被覆盖率和可食牧草产量，估算草原平均生产力。具体规程包括确定样地、判定植被类型、样方记录和草原状况评估。

（1）确定样地

监测与评估草原小班应当遵循如下规程：应当对项目区内每个草原小班分别监测与评估，即沿着每个轮牧单元的 2 条对角线取样选点，假设以 200hm² 作为一个管理单元（小班），对此的评估方法是：在小班的 4 个角和小班中心等距离各选 1 个点（共 5 个点），每个点上的样方面积草本类型的为 1m²，灌木、半灌木为 5m²。5 个样点代表这 200hm² 的总体情况进行监测与评估。项目区以外的草原也采取同样的方法。

（2）判定植被类型

在每个样方内，比照草原核查标准图册所阐述的植被类型，界定该样方内的植物物种、数量和植被类型。根据所观测到的优势/建群物种数量和覆盖率，确定该样方属于哪个植被类型。

（3）样方记录

在所界定的样方上，每年定期观测记录该植被类型的多项指标，如多年生物种数/总量，多年生物种覆盖率（%）、生物总量和可食生物量（表 3-2），同时拍摄 2~4 张照片。要记录照片编号，把照片加印版或者电子版与文字结合起来。对于整个小班而言，总生物量和可食生物量等数据可以作为计算草原载畜量和制定草原管理规程的依据。

监测与评估纪录对于了解该草原的植被演替动态及通过有效的保护手段改善草原管理也是非常有用的。

为了便于在选定的样方中逐年反复监测与评估草原植被状况，应用 GPS 测出每个样方的坐标（UTM，WGS 84），并把该坐标记录在案（表 3-2）。在下一次监测与评估时，应当按照上次的相同路线、方法和地点，记录同样的科目，以减小因微地形选择样点的误差。

（4）草原状况评估

实现草地资源可持续发展，需要采用划区轮牧的科学利用方式。从生态上讲，这需要具备 3 个基本条件：一是草原植被要恢复到正常，群落结构接近或基本接近原生状态；二是群落中主要植物的生存能力要恢复正常，基本能按时完成其生育期；三是整个群落特别是主要建群种

表 3-2　草原快速监测评估记录表

小班号	样方号	日期	GPS东	GPS北	退化程度	覆盖率（%）	多年生物种数/总量	多年生物种覆盖率（%）	总生物量（kg/hm²）	可食生物量（kg/hm²）	照片号
	1										
	2										
	3										
	4										
	5										
平均											

和优势种的生产能力要恢复到正常状态。从管理层面讲，要总结出有一整套能够保障天然草原实现科学利用的技术措施和监管办法，以确保解除禁牧封育后的天然草原不再回到原来超载放牧、重现退化沙化的老路上去。

根据植被覆盖率和生产力标准可以把草原划分成4级：重度退化（不可利用）、中度退化、轻度退化、正常（未退化）（图3-1，彩版）。每年应在生物产量最高的月份监测与评估草原状况，

正常

轻度退化

中度退化

重度退化

图3-1　草原退化程度分级参考照片

表3-3　草原退化评估指标

退化程度	植被覆盖率（%）	总生物量（kg/hm²）	可食生物量（kg/hm²）	可利用量（kg/hm²）	不可利用生物量（%）	建议模式
正常	>65	>1000	>900	450	10	R2
轻度退化	50~65	700~1000	600~900	300~450	12	R1, R2
中度退化	30~50	400~700	300~600	150~300	18	R1, R0
重度退化	<30	<400	<300	<150	25	R1, R0

注：在德援宁夏项目中，项目专家根据当地的草场评估情况，设计了R1和R2等荒漠化治理模式，草场的正向发展是R1（休牧）→R2（划区轮牧）。

在宁夏当地，一般在 8 月下旬或者 9 月上旬。应当根据植物生长状况调整其他月份监测数据。草原退化状况除了使用图 3-1 的退化程度分级图（照片），还可以依据草原快速监测评估记录（表 3-2）对照草原退化评估指标（表 3-3）来帮助进行准确判断和评估。

植被覆盖率快速判别图示法：在草原现场评估的实践中，对于植被覆盖率可以借用以下的参考图（图 3-2）来帮助实现快速判别。

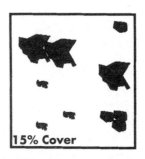
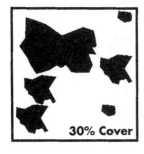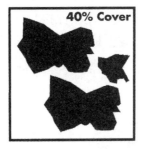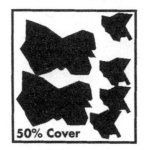

图 3-2　草原不同覆盖等级示意

3.2.3.2　划区轮牧设计

（1）主要技术参数

划区轮牧设计主要技术参数包括草原利用率、草原再生率、小区放牧天数、放牧频率、轮牧周期。

科学的放牧强度：放牧强度与草原载畜量（carrying capacity in native grassland）有关。后者是指在一个放牧年度或放牧季内的单位草原面积，在适度的放牧（或割草）利用并维持草原资源（土壤结构、植被、土壤水分）相对稳定健康的前提下，能够满足家畜正常生长、繁殖、生产畜产品的需要下所能承载放牧的羊单位数。它所表达的是一个生态生产力指标。科学的放牧强度指在一个放牧年度或放牧季内的单位草原面积，不超过其载畜量的放牧羊单位数。

草原利用率：（grassland utilization rate in rotational grazed grassland）是适宜的载畜量所代表的放牧强度。草原表现为既不放牧过度，不发生退化，并且能够维持家畜的正常生长和生产。

轮牧周期：（rotation period）依次轮流放牧全部轮牧小区所需要的时间。根据牧草再生速度确定轮牧周期，牧草再生速度取决于当地水热条件，一般轮牧周期为 30~40 天。

放牧频率：（grazing frequency）各轮牧小区一个放牧季内可轮回放牧利用的次数。放牧频率 = 放牧季 / 轮牧周期。一般荒漠、半荒漠草原和干旱草原为 3~5 次。

放牧天数：（grazing days for each plot）每小区每次放牧的天数，一般天数按 8（4 区）~6 天（6 区）计算。

（2）确定草原载畜量

草原载畜量计算：每一轮牧单元放牧牲畜头数（Au）= 放牧季节草原面积 × 牧草产量（kg/hm²）× 50% /（单位羊只日采食量 × 羊只头数）[1.65kg/（d•Au]×180天，其中：

- 牲畜头数（Au）；
- 日食量 [1.65kg/（d•Au）]；
- 放牧天数（180天）；
- 牧草产量（kg/hm²）× 利用率（荒漠草原一般为50%）；
- 放牧季草原面积 = 每放牧单元4个区或6个区面积之和（hm²）（中德荒漠化治理宁夏项目设置为4~6区轮牧）。

（3）制订轮牧计划

确定轮牧终始期：始牧期是指牧草返青后，日牧草生长量达到产草量的40%时左右，开始轮牧的日期。在宁夏，轮牧的合适时间设计为6月1日至11月30日，放牧期为180天。

制订放牧小区轮换计划：放牧小区轮换是对每一放牧单元中的各轮牧小区，按每年的利用时间、利用方式遵循一定的规律顺次变动，周期轮换，使其保持长期的均衡利用。

围栏材料技术参数：围栏材料由钢筋水泥混凝土桩和镀锌铁丝网片两部分构成。实施围栏工程围栏建设应符合部颁《草原网围栏和刺丝围栏建设技术规程》（农办牧〔2003〕13号）的规定，也可用电围栏。混凝土桩高1.7m，方柱形，横截面底部、顶部为10cm×10cm。该桩自底部到其上70cm处每15cm埋置8号铁丝，用于固定网片。网片高90cm（无限延长），水平线7道，顶部与底部线直径为2.8mm，其余5根为2.5mm，垂直拉线为2.5mm，平行线间距为15cm，垂直线间距为60cm。线与线结合部可用专用U形环扣固定。德援宁夏项目区的一个围栏见图3-3。

图3-3　德援宁夏项目区围栏

3.3　模式实施步骤

3.3.1　实施区域的调查摸底

实施本模式的第一步是对草场（草原）资源和管理情况（如是属于集体管理还是已经承包到农牧户）以及当地的气候、土地资源、人口情况、社会经济情况包括畜牧业情况做一个全面的了解，获得相应的数据和信息。此外，还要了解当地草场管理的历史情况、退化情况、当前的状况以及当地农牧户放牧习惯和他们对于草场管理的意愿等。

- 气候因素，主要为气温和水资源；
- 土地状况，草原、耕地、林地及其他用地结构；

● 经营及经济状况，农、林、牧、副业收入及人均收入；

● 社会状况，主要为人口、人员从业结构、文化科技教育情况；

● 草场资源历史情况、权属情况、现状、当地农牧民放牧习惯等。

3.3.2　草原可持续管理参与式规划

由行政、科技人员和牧户群众共同规划，在群众自愿参加和实行草原承包到户与联户的基础上，在草原面积达到轮牧的条件（在宁夏草场面积普遍较小的情况下，一般每一轮牧组总面积为 200hm² 即可以实行四区轮牧）、草原植被恢复良好的区域（正常或轻度退化的草地上）因地制宜地进行规划。

划区轮牧参与式规划要图文并茂（如参与式规划草图，见图 3-4），主要体现参与牧户、实施地点、轮牧面积、轮牧时间、轮牧顺序、放牧羊只数量。此外，在规划中还应包括与畜牧业发展配套的乡村发展规划，主要有畜圈建设、饲草料种植、饲草料加工机械配置、人畜饮水建设等。这部分内容可以参考本章附件 1：中德财政合作中国北方荒漠化综合治理宁夏项目——盐池县 2013 年作业设计方案。

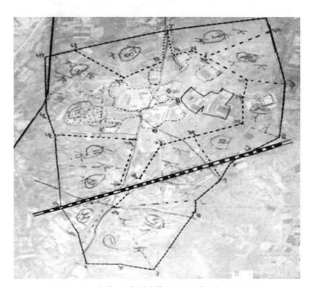

图 3-4　参与式规划草图（德援宁夏项目）

3.3.3　轮牧设计与围栏安装

3.3.3.1　划区轮牧设计

根据当地草原面积、草地生产力监测结果和群众放牧习惯，一般每个轮牧组放牧面积 200hm²，以 4 区轮牧为主，放牧羊只 150 只左右（折合 1.33hm²/ 羊单位）。根据草地形状，以牲畜进出、饮水方便、缩短游走距离为原则。牧道及门位：牧道宽度根据放牧牲畜种类、数量而定，一般为 10~30m，尽量缩短牧道长度，门位的设计要尽量减少牲畜进出轮牧区游走时间，既不绕道进入轮牧区，也要考虑水源的位置。进出大门以 3~5m 为宜。

饮水设施：以放牧单元或放牧组为单位，在牧道打井并设置管道供水系统或车辆供水。饮水频率是滩羊 1 次 / 天，足量的清水用作饮水即可。

利用地形图（1∶50000）、全球定位系统（GPS）或用其他测量工具确定草地边界及边界各拐点的方位，并测出各拐点之间的距离。同时，用交绘法找出轮牧区内建筑物及水井等固定基础设施的准确位置，并在野外绘制草图。在室内用几何法等分各小区面积，同时绘制出大比例尺设计图（图 3-5、图 3-6）。

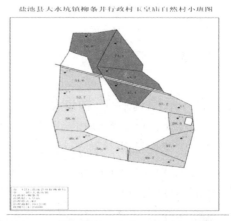

图 3-5　划区轮牧设计（德援宁夏项目）　　　　　图 3-6　划区轮牧示意图（德援宁夏项目）

3.3.3.2　对划区轮牧农牧户公示

开展划区轮牧的一个前提条件，就是参与的农牧民首先要有政府草原部门颁发的《草原使用权证》。在德援宁夏项目区（宁夏盐池县大水坑镇），参与项目的行政村、自然村的村民以家庭为单位都具有《草原使用权证》（图 3-7）。在轮牧示范之前，需要将轮牧草原的类型、产草量、适宜载畜量、放牧天数、各小区轮牧日期、草原所有者等基本情况制牌公示，并发放《放牧证》便于监督管理（图 3-8）。

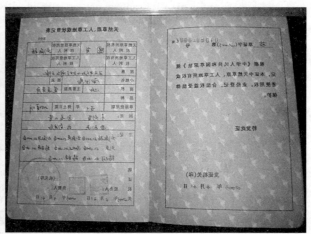

图 3-7　宁夏回族自治区政府颁发的《草原使用权证》

图 3-8　宁夏回族自治区农牧厅和德援宁夏项目联合颁发的《放牧证》

3.3.3.3　划区轮牧管理措施

为保障划区轮牧制度的顺利实施，需要行之有效的管理措施，主要包括组织形式和管理办法，可以概括为"全面承包，围栏到户（联户），依草定畜，限羊代牧，互相监督，依法管理"，并通过村规民约来强化实施。

全面承包：就是依法把草原使用权承包给农户（联户），做到责权明确，四至清楚，使用权期限 30~50 年。

围栏到户（联户）：对承包到户或联户（两个以上牧户联合承包）的草原全部进行围栏，以便于开展划区轮牧，一般每块围栏面积不能大于 200hm²。

依草定畜：以试验取得的放牧强度为依据，适当参照每个户（联户）草原可食牧草产量测定的结果，来核定每户（联户）草原载畜量。把核定的载畜量在自然村内张榜公布。农牧民对张榜公布的羊单位数量没有异议后，由行政村村委会和村民小组组长参加组成"草畜平衡责任制领导小组"，代表村委会与承包户（联户）签订《草畜平衡责任书》，并制发《放牧证》。

限羊代牧：限羊，就是核定每户进入天然草原放牧的羊只数量。一般要求进入草原放牧的羊只为生产母羊，具体数量以张榜公布的为准。代牧，是针对单户放牧的羊只数量比较少，为节省劳动力，由几个农户共同推选一个有责任心、有放牧经验的人员统一放牧。被选定的代牧员应该每天放牧时随身携带经"草畜平衡责任制领导小组"制发的《放牧证》才能进入草原放牧。放牧证中填写着放牧员的姓名、放牧羊只数量、放牧的地点、轮牧的方式（包括轮牧周期和频率）、联牧的户数等。

互相监督：对于放牧的羊只数，除了村民自己互相监督外，行政村"草畜平衡责任制领导小组"对每个联户轮牧的放牧羊只进行不定期抽查，发现有超出《放牧证》核定数量的羊只，按照责任书进行处罚，情节严重的，取消放牧权。

依法管理：

① 实施草地可持续管理。以草定畜、季节性划区轮牧的农户，依据《中华人民共和国草原法》、《宁夏回族自治区草原管理条例》和中德合作荒漠化治理宁夏项目的有关规定颁发《放牧证》；牧民有合理利用草原的权利，同时有依法管理、建设草原和保护草原围栏等基础设施的义务。

② 实施草地可持续管理。以草定畜、季节性划区轮牧的放牧联户组，严格按照项目设计（放牧证）规定的轮牧方式和放牧天数、核定的放牧羊只数进行放牧。不得超载、越界放牧，休牧期严禁放牧，同时不得破坏草原围栏等基础设施。

③ 村委会和规划小组为监督主体，放牧联户为管理主体。牧民有监督、检举的权利。

④ 按照《中华人民共和国草原法》、《宁夏回族自治区草原管理条例》和中德财政合作中国北方荒漠化综合治理宁夏项目的有关规定，在草原休牧期滥牧、抢牧的，按规定每只羊处以 5 元以上 30 元以下的罚款；无法确定放牧羊数量的，处 100 元以上 2000 元以下的罚款；超载放牧的处以每只超载羊单位 10 元以上 30 元以下的罚款；损坏草原围栏等基础设施或者基本草原保护标志的，责令其限期恢复原状，并处 100 元以上 2000 元以下的罚款，处罚 3 次以上者收回《放牧证》，取消放牧权。对破坏草原围栏等基础设施或者基本草原保护标志行为严重的，村委会和规划小组上报草原执法部门依法追究其刑事责任。

3.4 模式成本和效益

（1）保护草原生态，促进科学养殖，增加农民收入

截至 2013 年，本模式已在盐池县大水坑镇的 6 个行政村的 1.7 万 hm² 草原范围内实施。其中 2013 年新增 5000hm²，实行划区轮牧的有 12 个自然村、轮牧的草原面积共计 8000hm²，放牧 6000 只羊。按当地草原面积、草地生产力和群众放牧习惯，一般每轮牧单元面积设计要求（即每个轮牧小组的面积）为 200hm²，放牧羊只 150 只左右，每年以 6 月 1 日到 11 月 30 日为轮牧时间（2013 年上半年因天旱，故在 7 月 10 开始轮牧）。

在宁夏盐池县大水坑实行划区轮牧利用方式示范后，通过对放牧时间和空间上的控制，在一定程度上限制了放牧羊只采食的选择性和游走范围，使牧草得到均匀采食，抑制了杂类草的生长，给优良牧草提供了休养生息的机会，草地植被逐渐得到恢复、草地质量不断提高。2008 年 9 月，大水坑镇新建村轮牧区测定显示：在牧草生长高峰期，对照区牧草地上生物量为 85.40g/m²，轮牧区为 148.08g/m²。轮牧区比对照区草地生产力提高 73.39%。德援宁夏项目专家领导等多次到项目区考察，对划区轮牧示范的成效给予了高度肯定和赞扬。

放牧还能有效地利用新鲜牧草营养。实行划区轮牧的滩羊增重显著高于家庭舍饲对照组。轮牧组每只羊的体重比舍饲羊平均提高 3.4kg（屠宰率约为体重的 50%）。

以玉皇庙自然村为例，该村共 36 户 108 人，均能从项目中受益，其中 16 户 70 人直接受益。这 16 户共有 528 只绵羊，其中繁殖母畜为 80%，每只年繁殖 1.5 只，年成活率大约为 98%，年出栏 621 只。对比分析舍饲养殖和轮牧养殖的成本与收入，舍饲养殖户全年把羊只放在圈中通过购买饲草料饲养，需要投入劳力和饲草料等，16 个牧户，每户平均每天需投入 0.5 个工日。轮牧养殖户一年有 6 个月（按 180 天计算）的轮牧期，在草地放牧羊只（假定不需要额外饲草料补充饲喂），另外 185 天进行舍饲。该村 16 户共有 528 只羊，轮牧的安排是组成 3 个轮牧小组，每组只需要 1 个工日就可以承担好放牧管理的任务。也就是说，轮牧时全村 16 户每天 3 个工日就可以完成轮牧羊只的小组集体管理，而在轮牧结束后的舍饲阶段，16 个农户，每户每天需要投入 0.5 个工日进行分户舍饲管理，同时也需要购买饲草料进行饲喂。

按照劳力价格 100 元 / 天，饲草料价格 0.8 元 /kg，成年羊每只每天需要 1.7kg 饲料，出栏羔羊饲料费 62.9 元，羊肉每千克 50 元，每只羊皮、毛和可食用内脏收入 150 元，舍饲养殖的每只出栏羔羊酮体为 17kg，轮牧养殖每只出栏羔羊酮体增加 1.7kg，进行投入和产出估算，玉皇庙村轮牧养殖纯收入总额比舍饲养殖每户增加 976%，每只羊收入增加 515.26 元（表 3-4、表 3-5）。

从以上分析得出，全年舍饲养殖与轮牧养殖的成本收入对比主要体现在以下两个方面：一是由于轮牧养殖有半年的农户组成小组放牧节省了劳动力投入，同时也节省了饲草料投入；二是轮牧饲养出栏羔羊酮体会增加 1.7kg 而增加收入。从分析结果显示，轮牧与舍饲养殖对比增加纯收入（包括劳动力投入时）将近 10 倍（976%），而如果不计劳动力投入时，轮牧仍然比舍饲养殖增加纯收入达 57%，可见轮牧的效果还是很明显的。

（2）草原资源的"管、建、用、责、权、利"达到统一

中德合作荒漠化治理宁夏项目的初步试验示范表明，草原实行划区轮牧后，农牧民才真正认识到落实草原承包责任制的现实意义。只有管理好、建设好和科学利用好自己所承包的草原，才能使草地这一宝贵的牧草资源得到持续利用，农牧民才能真正得到实惠。有的农民主动

表3-4　玉皇庙村饲养成本和收入构成表

比较项	舍饲养殖	轮牧养殖
饲喂劳务费（16户）	$16 \times 0.5 \times 365 \times 100=292000$（元）	$16 \times 0.5 \times 185 \times 100=148000$（元）
轮牧劳务费		$3 \times 180 \times 100=54000$（元）
饲料费	成年羊：$365 \times 528 \times 1.7 \times 0.8=262099.2$（元） 出栏羔羊：$621 \times 62.9=39060.9$（元）	成年羊：$185 \times 528 \times 1.7 \times 0.8=132844.8$（元） 出栏羔羊：$621 \times 62.9=39060.9$（元）
总成本	593160.1元	373905.7元
畜产品收入	$621 \times 17 \times 50+93150$（150元/只皮、毛、可食内脏）$=621000$（元）	$621 \times 18.7 \times 50+93150=673785$（元）
纯收入	$27839.9/528=52.7$（元/只） $33 \times 52.7=1739.1$（元/户）	$299879.3/528 =568$（元/只） $33 \times 568=18744$（元/户）
轮牧与舍饲相比纯收入提高比例		976%

表3-5　舍饲与轮牧比较平均每只羊成本与收入分析

比较项	舍饲养殖	轮牧养殖
劳力投入（工日）	5.53	3.83
劳力价格（元/工日）	100.00	100.00
劳力投入成本（元）	553.00	383.00
饲料投入成本（元）	570.37	325.58
饲料+劳力成本（元）	1123.37	708.08
畜产品收入（元）	1176.14	1276.11
纯收入（包括劳力）（元）	52.77	568.03
纯收入（不计劳力）（元）	605.77	950.53
轮牧比舍饲增加纯收入（计劳力）（元）		515.26
轮牧比舍饲增加纯收入（计劳力）（%）		976.00
轮牧比舍饲增加纯收入（不计劳力）（元）		334.76
轮牧比舍饲增加纯收入（不计劳力）（%）		57.00

出工投劳，维修原被破坏的围栏设施。项目实施后，有的农民主动找草原部门要草种补播改良自己的草原，有的联户放牧组主动召开会议讨论放牧方案，制订草原管理方法等。草原划区轮牧激发了试点区农民前所未有的"管（管理草原之权）、建（建设草原之责）、用（科学利用草原所带来的利益）"积极性，使得"责、权、利"达到了真正意义上的统一。德援宁夏项目的试验示范受到农户积极响应与接受，同时这也是各级政府所期待的结果。

3.5　模式推广前景

本模式与国家法律政策规定和草原可持续管理发展需求相一致，以国家草原承包政策为基础，有效解决了天然草原放牧强度和划区轮牧科学利用的技术问题，不仅巩固了草原禁牧成果，维护了草原生态平衡，显著提高了农民收入，还激发了广大农牧民自主管理、建设和科学利用草原的积极性，总结出了一套包括宣传、培训、示范、监测和监管在内的系统全面的管理经验。这些经验在宁夏 245 万 hm² 的草原上乃至在中国北方同类地区，都具有广阔的推广前景。

需要注意的是，有效实施这一模式需要确保技术人员设计的科学性、群众参与的积极性以及政府或其他项目给予农牧民围栏设备、饲养机械、设施等配套基础建设投入的支持。

参考文献

闫宏 . 2006. 科学利用草原研究 [M]. 银川：宁夏人民出版社 .

武新，等 . 2006. 宁夏干草原不同放牧方式对植物群落经济类群的影响 [J]. 草业与畜牧（11）.

武新，等 . 2005. 干草原放牧强度对草地生态变化及其利用效果的影响 [J]. 家畜生态学报（6）.

附件 宁夏盐池县作业方案及技术设计指南

附件 1 中国北方荒漠化综合治理宁夏项目——盐池县 2013 年作业设计方案

一、基本概况

2013 年，德援宁夏项目盐池县共涉及 3 个镇，6 个行政村，10 个自然村。规划实施面积 6538.6hm²，围栏建设 169384m。

(1) 向阳自然村位于大水坑镇南 15km 处，隶属向阳行政村。全村土地总面积 46000 亩，其中草原 35000 亩，现有围栏 28000m，需新建围栏 863m，维修围栏 5726m，旱耕地 5400 亩，水浇地 800 亩，退耕地 800 亩，村庄及道路 500 亩。全村 144 户，450 人，其中常住户 88 户，170 人，全部为汉民。当地农民的主要经济来源为养殖滩羊、肉牛、猪、耕种土地和外出打工，主要种植作物为玉米、荞麦、山芋，羊只存栏 1100 只，其中滩羊 1100 只，生猪存栏 100 头，人均纯收入 3300 元。

(2) 张布梁自然村位于大水坑镇北 3km 处，隶属大水坑行政村。全村土地总面积 21000 亩，其中草原 14000 亩，现有围栏 16520m，需新建围栏 6164m，维修围栏 14026m，旱耕地 2400 亩，退耕地 600 亩，村庄及道路 150 亩。全村 87 户，228 人，其中常住户 68 户，150 人，全部为汉民。当地农民的主要经济来源为养殖滩羊、肉牛、猪、耕种土地和外出打工，主要种植作物为荞麦、山芋，羊只存栏 300 只，其中滩羊 300 只，生猪存栏 100 头，人均纯收入 3600 元。

(3) 杜窑沟自然村位于冯记沟乡西南 10km 处，隶属雨强行政村。全村土地总面积 15400 亩，其中草原 12000 亩，现有围栏 15300m，需新建围栏 5427m，维修围栏 7557m，水浇地 220 亩，退耕地 380 亩，村庄及道路 200 亩。全村 24 户，82 人，其中常住户 24 户，56 人，全部为汉民。当地农民的主要经济来源为养殖滩羊、耕种土地和外出打工，主要种植作物为玉米，羊只存栏 600 只，其中滩羊 600 只，人均纯收入 3200 元。

(4) 冯记沟自然村位于冯记沟乡东 2km 处，隶属冯记沟行政村。全村土地总面积 22000 亩，其中草原 14000 亩，现有围栏 15300m，需新建围栏 6164m，维修围栏 14026m，旱耕地 1800 亩，水浇地 360 亩，退耕地 1100 亩，村庄及道路 500 亩。全村 139 户，370 人，其中常住户 101 户，264 人，全部为汉民。当地农民的主要经济来源为养殖滩羊、耕种土地和外出打工，主要种植作物为玉米、荞麦、山芋，羊只存栏 200 只，其中滩羊 200 只，生猪存栏 30 头，人均纯收入 3800 元。

(5) 马儿庄自然村位于冯记沟乡西南 15km 处，隶属马儿庄行政村。全村土地总面积 18000 亩，其中草原 14000 亩，现有围栏 13000m，需新建围栏 0m，维修围栏 12400m，旱耕地 400 亩，水浇地 600 亩，退耕地 800 亩，村庄及道路 500 亩。全村 62 户，215 人，其中常住户 54 户，160 人，全部为汉民。当地农民的主要经济来源为养殖滩羊、肉牛、猪、耕种土地和外出打工，主要种植作物为玉米、荞麦、山芋，羊只存栏 300 只，其中滩羊 300 只，生猪存栏 50 头，人均纯收入 3500 元。

(6) 牛记口子自然村位于冯记沟乡西南 10km 处，隶属雨强行政村。全村土地总面积 47000 亩，其中草原 32000 亩，现有围栏 22000m，需新建围栏 39477m，维修围栏 7226m，旱耕地 1200 亩，水浇地 700 亩，退耕地 600 亩，村庄及道路 300 亩。全村 59 户，229 人，其中常住户 58 户，109 人，全部为汉民。当地农民的主要经济来源为养殖滩羊、肉牛、猪、耕种土地和外出打工，主要种植作物为玉米、荞麦、山芋，羊只存栏 2800 只，其中滩羊 2800 只，肉牛存栏 40 头，生猪存栏 100 头，人均纯收入 4000 元。

(7) 尚记圈自然村位于冯记沟乡西南 13km 处，隶属雨强行政村。全村土地总面积 23000 亩，其中草原 15000 亩，现有围栏 16100m，需新建围栏 6164m，维修围栏 14026m，旱耕地 400 亩，水浇地 800 亩，退耕地 680 亩，村庄及道路 200 亩。全村 37 户，158 人，其中常住户 17 户，58 人，全部为汉民。当地农民的主要经济来源为养殖滩羊、肉牛、猪、耕种土地和外出打工，主要种植作物为玉米、荞麦、山芋，羊只存栏 400 只，其中滩羊 400 只，肉牛存栏 30 头，生猪存栏 40 头，人均纯收入 4000 元。

(8) 叶儿庄自然村位于冯记沟乡西 10km 处，隶属马儿庄行政村。全村土地总面积 46500 亩，其中草原 43000 亩，现有围栏 15860m，需新建围栏 12435m，维修围栏 12790m，旱耕地 1100 亩，水浇地 1100 亩，退耕地 900 亩，村庄及道路 360 亩。全村 90 户，304 人，其中常住户 45 户，168 人，全部为汉民。当地农民的主要经济来源为养殖滩羊、猪，耕种土地和外出打工，主要种植作物为玉米、荞麦、山芋，羊只存栏 1400 只，其中滩羊 1400 只，生猪存栏 30 头，人均纯收入 3600 元。

(9)张记圈自然村位于冯记沟乡西南 13km 处，隶属雨强行政村。全村土地总面积 17000 亩，其中草原 15000 亩，现有围栏 16500m，需新建围栏 9477m，维修围栏 12079m，旱耕地 120 亩，水浇地 1300 亩，退耕地 130 亩，村庄及道路 170 亩。全村 28 户，66 人，其中常住户 28 户，44 人，全部为汉民。当地农民的主要经济来源为养殖滩羊、耕种土地和外出打工，主要种植作物为玉米、向日葵，羊只存栏 1200 只，其中滩羊 1200 只，人均纯收入 3600 元。

(10) 二道湖自然村位于青山乡东北 10km 处，隶属猫头梁行政村。全村土地总面积 24000 亩，其中草原 17000 亩，旱耕地 640 亩，水浇地 100 亩，退耕地 1000 亩，村庄及道路 200 亩。全村 53 户，237 人，其中常住户 33 户，148 人，全部为汉民。当地农民的主要经济来源为养殖滩羊、耕种土地和外出打工，主要种植作物为玉米、荞麦、向日葵等，羊只存栏 300 只，其中滩羊 300 只，生猪存栏 20 头，人均纯收入 3200 元。

二、项目设计原则和依据

① 坚持生态优先、产业发展、农民致富的原则；
② 坚持政策引导与农民自愿相结合，充分尊重农民意愿的原则；
③ 坚持统筹规划，因地制宜，突出重点的原则；
④ 坚持生态、经济和社会效益相兼顾，"管、建、用"和"责、权、利"相统一的原则；
⑤ 坚持建、管并举，生态建设与保护并重的原则；
⑥ 坚持项目长期利益与当前利益相结合，质量和效益兼顾的原则。

三、项目建设范围与面积

1. 项目建设范围

项目建设范围：草原可持续管理(R2 模式)在大水坑镇张布梁、向阳自然村；冯记沟乡杜窑沟、张记圈、尚记圈、牛记口子、马儿庄、叶儿庄自然村实施。草原资源保持性封育（R1 模式）在冯记沟乡杜窑沟、张记圈、冯记沟自然村实施。灌木饲料生产（R3 模式）在大水坑镇向阳自然村实施。草方格固沙（E3 模式）在青山乡二道湖自然村实施。

2. 项目建设面积

草原可持续管理（R2 模式）实施面积 5357.5hm²，其中，大水坑镇张布梁 1008.7hm²、向阳 217.2hm²；冯记沟乡杜窑沟 463.3hm²、张记圈 417.9hm²、尚记圈 495.4hm²、牛记口子 1464.9hm²、马儿庄 716.2hm²、叶儿庄 573.9hm²。

草原资源保持性封育（R1 模式）实施面积 901.1hm²。其中，冯记沟乡杜窑沟 133.1hm²、张记圈 255.9hm²、冯记沟 512.1hm²。

● 灌木饲料生产（R3 模式）实施面积 170hm²，在大水坑镇向阳自然村实施。
● 草方格固沙（E3 模式）实施面积 110hm²，在青山乡二道湖自然村实施。
● 草方格固沙（E3 模式）2012 年在魏庄子补植 40hm²。

四、技术设计

（一）草原可持续管理 R2 模式

围栏加密，保护植被有奖励。通过现场评估认为达到草原可持续管理的水平，8 月份植被覆盖率在 70% 以上。

1. 主要项目活动

草原可持续性管理 R2 模式，共计完成可持续性草地管理 5357.5hm²，按照季节性划区轮牧，划分为 22 个轮牧组，99 个轮牧小区，采取 3 区 3 个、4 区 6 个、5 区 12 个、6 区 1 个轮牧方式进行轮牧，每年 5 月 15 日开始放牧，11 月 15 日休牧。围栏 169384m，其中新建围栏 85130m，维修围栏 84254m。

2. 围栏个数及长度

项目建设规划 22 个轮牧组，99 个轮牧小区，围栏长度 169384m，其中新建围栏 85130m，维修围栏 84254m。

- 向阳自然村围栏长度 6139m，其中新建围栏 863m，维修围栏 5276m。规划 1 个轮牧组 4 区轮牧。
- 张布梁自然村围栏长度 15375m，其中新建围栏 7975m，维修围栏 7400m。规划 4 个轮牧组，19 个轮牧小区，划分 4 区轮牧 1 个，5 区轮牧 3 个。
- 杜窑沟自然村围栏长度 12984m，其中新建围栏 5427m，维修围栏 7557m。规划 3 个轮牧组，9 个轮牧小区，全部为 3 区轮牧。
- 马儿庄自然村围栏长度 12400m，全部为维修围栏。规划 3 个轮牧组，14 个轮牧小区，划分 4 区轮牧 1 个，5 区轮牧 2 个。
- 牛记口子自然村围栏长度 46703m，其中新建围栏 39477m，维修围栏 7226m。规划 5 个轮牧组，26 个轮牧小区，5 区轮牧 4 个，6 区轮牧 1 个。
- 尚记圈自然村围栏长度 20190m，其中新建围栏 6164m，维修围栏 14026m。规划 2 个轮牧组，9 个轮牧小区，4 区轮牧 1 个，5 区轮牧 1 个。
- 叶儿庄自然村围栏长度 25225m，其中新建围栏 12435m，维修围栏 12790m。规划 2 个轮牧组，10 个轮牧小区，均为 5 区轮牧。
- 张记圈自然村围栏长度 24868m，其中新建围栏 12789m，维修围栏 12079m。规划 2 个轮牧组，8 个轮牧小区，均为 4 区轮牧。

3. 草原围栏技术设计

草原围栏采用水泥桩固定网片的方式，每 8m 一根水泥桩。水泥桩横截面规格 10cm×10cm，长 170cm，桩体内预埋 4 根直径为 6mm 的刻痕钢筋并捆扎六道箍筋。围栏网片规格为 91L7/90/60，即 7 道钢丝，90cm 高，每隔 60cm 一道竖直加固线，均用内镀锌环扣固定。上下两道丝采用 Φ2.8 号钢围栏线，其余五道均是 Φ2.5 号线。

4. 划区轮牧技术措施

① 根据草原管理规划，愿意参加本项目的农民小组将把他们成片的草原分割成一个个围栏格，为生态改善、季节性轮牧、草原资源可持续性管理和畜牧业发展奠定基础。

② 农民小组具有放牧证，根据项目办、草原站审定的年度计划开展可持续性的放牧管理。

③ 由草原站开展草原监测，对保持或者改善草原状况的农民小组提供奖金。

④ 每个村都要建立农民小组协会，所得信息共享。

5. 划区轮牧管理措施

放牧利用时间为 5 月中旬至 11 月中旬，在划分的小区内进行轮牧，每个小区的放牧时间为 5~7 天。载畜量 1 只羊 /20 亩。但根据放牧场牧草长势，可自行调节放牧时间。同时，每小区放牧周期不低于 30 天。牧户根据实际情况，制订放牧小区轮换计划，每年的利用时间、利用方式按一定规律顺序变动，周期轮换，使其保持长期的均衡利用。

（二）草原资源保持性封育 R1 模式

对项目区内不适合开展草原可持续性管理的地方，具有通过长期封育使其顶极演替达到草原植被标准的潜力（8~9 月的植被覆盖率< 50%）。封育期间对草原植被的维护和改善提供奖金，围栏技术设计同 R2 模式，但 R1 模式只围联户小组草原边界。

（三）多年生饲料生产 R3 模式

基地：在土壤肥沃、立地条件好、地形平整的土地上栽植苜蓿饲料生产 320hm²，以解决干旱年份和冬季的饲料缺乏问题，促进家畜舍饲发展和草原的可持续性管理。

技术设计：全面整地，雨季进行播种，播种量 1kg/ 亩。种子的技术标准为纯度 90%，发芽率 90%，水分 14%，病虫害不超过 5%，成活率≥ 85%，苜蓿 32 株 /m²。播种后 3~5 年内不收割，收割活动得到项目办审批。

（四）草方格固沙 E3 模式

沙丘的流动逼近项目村，扎设草方格作为辅助措施促进沙丘生态恢复，保护项目村免遭流沙的危害。在草方格中栽植或播种半灌木，严格禁止放牧。草方格设计：高出地面> 20cm；埋入地下> 15cm，网眼 1m×1m，用麦秸量 0.7kg/m²，注意防火，免遭破坏。

五、投资概算与资金筹措

1. 投资标准

草原可持续管理（R2 模式）投资 1101 元 /hm²，其中德援资金 715.65 元 /hm²，中方配套 385.35 元 /hm²；草原资源保持性封育（R0 模式）投资 834 元 /hm²，其中德援资金 542.1 元 /hm²，中方配套 291.9 元 /hm²；灌木饲料生产（R3 模式）投资 1230 元 /hm²，其中德援资金 799.5 元 /hm²，中方配套 430.5 元 /hm²；草方格固沙（E3 模式）投资 10680 元 /hm²，其中德援资金 6942 元 /hm²，中方配套 3738 元 /hm²。

2. 投资概算及资金筹措

项目总投资 803.4 万元，其中德援资金 522.2 万元，中方配套 281.2 万元。

六、效益分析

1. 生态效益

通过项目实施，为退化草原提供休养生息的机会，项目区草原生态环境将会有显著的改善，生态环境恶化的趋势得到基本遏制，草原植被得到有效恢复，实现草原生态系统良性循环。

2. 社会效益

项目建成后，项目区基本实现草畜动态平衡，资源与经济协调发展，农牧业基础建设不断增强，畜种、畜群结构得到合理调整，综合生产能力明显提高，为实现优质、高效、健康的畜牧业发展提供可靠的物质保障。对增加畜产品数量，提高畜产品质量，改善人们的膳食结构，满足人民生活水平日益增长的需求，将起到积极的作用。有利于促进区域经济和科技、文化、教育等各项事业的发展，对大力发展生态农业和绿色农业，形成草多、畜多、肥多、钱多的良性循环，加快小康建设步伐和振兴农村经济，都具有十分深远的战略意义。

3. 经济效益

项目的实施，可进一步优化畜种、畜群结构，提高高产、优质畜种的比例，缩短饲养周期，加快周转，促进畜牧业经营方式的根本性转变，实现土种变良种，单胎变多胎的养殖模式。降低仔畜死亡率 2~3 个百分点，每年可减少损失 10 万元以上，提高畜牧业的整体生产水平和经济效益。

七、保障措施

1. 组织保障

按照项目建设的总体要求，健全组织机构。县上成立由县长任组长，自然保护区管理局、县发改委、县环林局主要领导任副组长，县财政局、审计局、监察局、国土资源管理局、农牧局主要领导及项目区乡（镇）长为成员的领导小组。在县环林局设立专门的项目工作领导小组办公室，负责整个项目的建设运行及规划设计、组织实施、招投标管理和质量监督等工作。

2. 资金管理

中德项目投资额度大，涉及面广，严格资金管理是保障工程顺利完成的关键。按照《外债项目资金管理办法》和项目资金、财务管理的规定要求，县项目工作领导小组办公室内设财务股，选调业务精通的会计、出纳等财务管理人员 2 名，加强项目资金的管理。在县联社开设项目资金专户，在资金支付上严格按项目要求实行审核审批制度。经施工现场代表和项目办分管工程领导审核签注意见，报主管领导审批，实现项目资金专人管理、专户储存、专账记载、专款专用的目的。县财政、审计、监察部门定期或不定期对项目资金使用进行审计监督检查。

3. 项目管理

中德建设工程面积大，工作任务繁重，时间紧，为确保项目建设质量，按照国家和省里的有关要求，对项目的实施、资金的使用、竣工验收等方面做出严格的规定，制定《德援项目管理办法》，并完善各项制度，严格管理。积极执行项目法人责任制、招投标制、工程监理制、合同管理制和工程质量终身负责制。实行"三专"工作制度，即专门机构、专职领导、专管人员，保证建设目标和任务落实到村到户，确保项目的顺利实施。围栏建设要实行招投标制，围栏材料实行统一采购，建设材料统一规格，设计施工统一标准。在项目组织实施管理方面，认真搞好项目区作业设计，做到图、表、册一致，确保项目的圆满完成。在资金管理方面，严格执行国家基本建设和财政专项资金管理办法，切实做到专户储存、专账管理、专款专用。

为了确保项目的顺利完成，在实施中进行两项管理监控措施。一是同轮牧组签订合同，现场丈量绘图，填表，建立档案，全部资料输入计算机管理，做到图表一致。二是统一检查验收，实行验收结果全面负责制，县项目办负责根据《项目检查验收办法》，对项目模式面积、效果、围栏、质量、围栏长度进行检查验收，检查单位和检查人员对检查验收结果全面负责，实行"谁签字，谁负责"，对不按标准验收或降低标准验收，弄虚作假，出现问题的要追究有关负责人的责任。

4. 科技保障

依靠科技进步和技术创新，全面提高项目工程的科技含量。成立由环林局局长任组长，林业站技术人员为成员的工程实施小组，根据全县草原类型、分布特点、生态环境特征、社会经济状况及建设规模和内容，制定科学的规划、具体的实施方案、可行的技术操作规程。施工期间，实行技术人员包乡负责制，全程指导围栏安装操作。同时，采取举办培训班和专业技术人员现场指导的办法，加强对项目区广大干部和群众的培训，使其掌握围栏、人工种草、舍饲养殖、饲草加工等技术，提高农民科技水平。

5. 档案管理

档案管理是项目建设的基础性工作，也是该项目政策兑现的依据，加强档案管理，是保证项目各项补助政策落实到户的关键，也将起到最好的监督和凭证作用。项目办内设资料档案室，确定熟悉档案管理、精通业务知识、具有大专学历的资料档案管理员 1 名，负责对项目实施中的方方面面各种类型资料的收集整理、分类归档、查阅存档管理等工作，并将所有资料输入计算机，实行计算机管理，确保项目保质保量的完成。

附件2 中德财政合作中国北方荒漠化综合治理宁夏项目——项目技术设计指南

项目实施概要

制定《中德财政合作中国北方荒漠化综合治理宁夏项目技术指南》的目的是为了设计土地荒漠化综合治理项目活动提供技术指导，本指南的章节设置：(i) 项目建设的目标、范畴和预期结果；(ii) 立地条件；(iii) 技术规格；(iv) 要求农民和项目提供的投入。本项目荒漠化防治主要活动包括如下技术模式。

- ● 草原植被恢复和可持续性管理
  - ■ 草原植被恢复/封育（R1）；
  - ■ 草原可持续性管理（R2）；
  - ■ 灌木饲料生产（R3）。
- ● 侵蚀控制/水土保持
  - ■ 以水土保持为目的的自然恢复（E1）；
  - ■ 生态型沙丘植被恢复（E2）；
  - ■ 草方格固沙（E3）；
  - ■ 农田防护林（E4）；
  - ■ 压砂地红枣种植（E5）；
  - ■ 旱地枣树（E6）（中宁县喊叫水乡）。

草原植被恢复和可持续性管理技术模式（R系列）集中在3种立地类型，划分这3种立地类型的基础是植被密度、物种构成、地理位置，项目通过草原资源管理促进养殖业的发展。把某一地块纳入项目草原管理建设模式的前提条件是有可能使植被恢复到可持续性管理的水平。在项目建设决策期就要通过快速评估规程确定某块草原是否具有使植被恢复到可持续性管理水平的可能性。可以纳入草原管理项目建设模式的最差立地条件是要求通过一阶段彻底封育保护使植被密度恢复到可持续性管理水平。具体过程是：这样的草原经过一段时间的彻底封育之后，植被恢复到上一级别，转入按照放牧计划可以使该草原可持续性管理的程度。草原管理的第二种立地条件是：植被密度和生产力已经达到按照放牧计划足以开展轮牧的水平。项目对第二种立地条件草原的建设重点是：建设开展轮牧所需的基础设施，以便在植被状况和草原生产力条件得到满足的情况下顺利开展草原轮牧。草原管理的第三种立地条件是：靠近村庄、具有开展饲料生产的潜力，项目将支持栽种和保护柠条，使这片草原成为促进养殖业发展的越冬饲料来源。

侵蚀控制或水土保持技术模式（E系列）的内容中有侵蚀控制/水土保持的重叠。由于其植被盖度太低，缺乏持续利用的价值，所以该模式范围实施活动内容就只限于保护方面。可以预期，对于目前已经严重退化了的，通过长期恢复和更新却又具有可持续利用的远景潜力的草场，凭借低廉的投入，保护区植被的地表覆盖度照样会逐渐得到改善，也可对那些有必要保护的基础设施提供保护。

沙丘恢复和流沙固定是具有不同侧重点的两个概念，取决于其采用造价高昂的固沙措施所保护的面积的大小及其价值的高低。由于草方格固沙这种形式的造价高，所以仅仅用于发展和示范对于沙丘和沙地的流沙的快速固定，保护那些重要地点和设施免受沙害。对于逼近农田/草场或者位于草场内部的较大面积的沙丘，则采用沙丘固定和生态恢复的形式，发展和示范对于沙丘的固定、改良和生态上可持续的利用。沙丘固定和生态恢复包括在沙丘的前方和后方栽植灌木与乔木以及在迎风坡的陡坡部位扎设草方格，促进风力拉平丘顶，产生良好的长期效果。而草方格也无需每年修补。

导言

项目建设目标

该荒漠化防治技术指南（其中的一些技术措施还是初稿）的目的：

● 指导项目的技术人员针对不同的荒漠化地点和条件选择和设计适宜的类别和方案。
● 为项目的受益者提供继续推广的技术信息和培训教材。

结构

该技术指南的各章结构如下：
● 第一章导言；
● 第二章概述植物种苗生产的原则和苗木标准；
● 第三章概述草原恢复和持续经营管理的规划设计；
● 第四章概述侵蚀防治与保育范畴的规划设计；
● 第五章庭院树木种植的规划设计。

本技术指南并不包括检验其他的荒漠化防治技术的内容。然而，一旦经过检验，这个概括性的沙丘固定与恢复模式将会降低成本。草地管理模式有待进一步精炼，编到技术指南的新版本之中。

植物种苗（材料）和围栏材料的准备及草地的标准

植物种苗准备的原则

植物种苗生产和购置的 3 条原则：
● 苗木标准：项目的苗木标准是唯一的苗木验收标准；
● 招标：苗木采购必须严格遵照公开招标程序；
● 群众育苗：优先考虑安排项目区内或邻近村子进行育苗生产。

项目的苗木标准：

附表 3-1 概括了本项目的苗木标准。

附表 3-1　项目的苗木标准

植物种	种/条来源	年龄（年）	地径（cm）	高度（cm）	侧根数*
Populus alba var. *pyramidalis* 新疆杨	插条苗	2	2.1	200	6
Ailanthus altissima 臭椿	种子实生苗	1+1	2.1	180	6
Zizyphus jujuba 红枣	根蘗苗	2	1.1	80	8
	实生苗上嫁接	1 + 1	0.9	80	8
Ziziphus jujuba var. *spinosa* 酸枣	种子实生苗	2	0.8	80	8
Prunus siberica 杏/桃树	种子苗	2	1.1	100	10
	实生苗上嫁接	1 + 1	0.8	80	9
Robinia pseudoacacia 刺槐	实生苗	1	1.1	100	8
Elaeagnus angustifolia 沙枣	实生苗	1	0.8	70	7
Caragana korshinskii and/or *C. microphylla* 柠条/小叶锦鸡儿	实生苗	1.5	0.8	80	7
	实生苗	1	0.3	40	7
Hedysarum scoparium 花棒	实生苗	1	0.3	35	5
Salix psammophilla 沙柳	插条		0.8	38	0
Hippophae rhamnoides 沙棘	实生苗	1	0.3	30	7

* 注：苗木必须健壮、长势好，无病虫害，根系无损伤。2 年生苗木的根系长度必须不短于 35cm，1 年生苗木的根系长度不短于 30cm。

A. 种子标准明细表

植物名称	拉丁名	纯度（%）	发芽率（%）	含水率（%）	病虫害
小叶锦鸡儿	*Caragana microphylla*	90	85	14	最大5%
柠条	*Caragana korshinskii*	90	85	14	最大5%
苜蓿	*Medicago sativa*	90	85	12	
沙打旺	*Astragalus adsurgens*	90	80	12	
冰草	*Agropyron* spp.	75	75	11	
花棒	*Hedysarum* spp.	70	65	10	
沙蒿	*Artimesia* spp.	90	80	11	

资料来源：宁夏回族自治区草原站；宁夏自治区林业局。

注：（1）国家标准，2级；（2）达到国家标准的柠条种子很难找到，而且价格很贵。

B. 果树苗木标准明细表

种	品种	砧木	苗龄（年）	苗粗（cm）	苗高（m）	侧根数
枣	'灵武长红枣'	酸枣或自根苗	≥2	≥0.8	≥0.5	≥3
葡萄	'大青'、'红地球'、'里扎马特'、'玫瑰香'、'巨峰'等	自根苗	≥1	≥1.0	≥0.5	≥5
苹果	'红富士'、'金冠'、'嘎啦'等	种类很多，但不能用山定子	≥2	≥1.0	≥1.0	≥5
梨	'砀山酥梨'、'早酥梨'、'库尔勒香梨'等	杜梨	≥2	≥1.0	≥1.0	≥3
桃	'中油4号'、'春雪'等	山桃	≥1.0	≥1.0	≥0.8	≥5
杏	'凯特'、'金太阳'等	山桃	≥1.0	≥1.0	≥0.8	≥5

注：苗木必须健壮、无病虫害、根系未受伤，侧根长度至少15cm。

典型的高标准枣树苗

围栏建设标准

围栏建设概述

　　草原围栏由钢筋混凝土桩和网片建成，网片上有网扣，按照技术规程建设草原围栏。草原围栏技术规程的资料来源是盐池县畜牧局。

网片的技术规格

　　网片镀锌铁丝的配置如下图所示：

	← 60cm →	
	18cm	
	18cm	
90cm	15cm	
	15cm	
	12cm	
	12cm	

注：(1) 垂直镀锌铁丝的直径为 2.5mm；(2) 水平顶丝和底丝的直径为 2.8mm；(3) 其他水平镀锌铁丝的直径为 2.5mm。

钢筋混凝土桩的技术规格

附表 3-2　钢筋混凝土桩的技术规格

项目	长度	横截面
钢筋混凝土桩	1.70m	10cm × 10cm
角桩	1.70m	15cm × 15cm
角撑	1.70m	10cm × 10cm

围栏的技术规格

　　用 2 个角撑保证角桩的稳定性，钢筋混凝土桩的间距为 8m。

草场植被恢复和可持续性管理类型

　　（详见附件 B）

草原植被恢复／封育（模式 R1）

目标、范围和预期成果

　　目标

　　自从 2003 年 4 月禁牧令开始实施并在今后的 3 年中提供了持续的封育，进一步使退化草场植被得以很好的自然恢复。在合适的草场经现地评估后，为村民小组提供适当的边界围栏。

　　范围

　　实施围栏的草场应具备可持续利用的潜力，要达到在 3 年内能持续性季节放牧管理的标准。村民小组的围栏面积不小于 200hm²。在没有达到 R2 标准前不考虑进一步围栏。R1 模式适合盐池、红寺堡、中宁的许多植被类型，其中盐池有许多饲草产量高、极具潜力的区域。预计在盐池降雨量比较丰富的区域草场的恢复可能快些，在较为干旱的其他县则需要更长的时间。R1 模式不包括所设计的 E1 模式——自然恢复。也不建议进行补播。

预期成果

在围栏范围内，通过 3 年可达到可持续性草场利用管理的最低标准，根据草场植被类型和潜力建立村民小组。在达到 R2 模式——可持续性草原管理的最低标准后，可实施 R2 模式。

项目区条件

① 参加项目的区域在参与式土地利用和荒漠化综合治理规划的过程中已得到评估，属于近期轻度或中度荒漠化和退化的草原。

② 自 2003 年以来，植被盖度得到了恢复，物种开始多样化，草场具有一定活力，再过 3 年具有极大的恢复潜力。

③ 草场具有大量的适用于牲畜食用的物种，可用于持续性畜牧生产和季节性轮牧。

④ 优先选择相似的区域。所选择的区域中严重退化和沙丘的面积不超过 10%。

⑤ 理想的项目区应地形平坦、完整，能充分利用围栏设施，分割围栏不小于 50hm²。

⑥ 在围栏区域有供牲畜使用的水源。

⑦ 草场远离基础设施，如国家级公路、输油管线和铁路。

技术规范

对草原可持续性管理的最低技术要求阐述如下（见附表 3-3）。

附表 3-3　草原封育围栏的技术规范（R1 模式）

编码	模式	总体	详细
R1	草场恢复封育	1. 在参与式土地利用规划——综合荒漠化治理规划中草场已进行评估（草原站），已为各自然村和规划单位制定了综合荒漠化治理规划。 2. 在对有关土地的综合荒漠化治理规划中，可在每个规定的最小区域内自愿组建村民小组。 3. 为每个村民小组准备草原管理规划。 4. 没有边界围栏而草场在3年内达到可持续性放牧的村民小组可以与临界的村民小组协商建立围栏。 5. 围栏应妥善管理防止偷盗和偷牧，直到经草原站评估达到可持续性草原利用管理为止。 6. 任何小面积的退化和沙丘区域应用"社会围栏"加以保护，如草原管理办法、乡规、乡约等。	1. 草原站使用的用来评估草场条件的标准将包括植被盖度和可食用的干草产量。 2. 考虑划分村民小组的因素有土地使用权、植被类型和条件、水源以及土地和草场的使用权。 3. 优先选择类似条件的项目点。 4. 最小村民小组的面积是200hm²。 5. 最小围场的数量是4个。 6. 最小围场的面积是50hm²。 7. 围场包含不超过10%严重退化的草场。 8. 围栏标准：7道铁丝围网，每个桩间隔8m。 9. 共用边界的小组各按50%计算。

草场标准

草场分类和综合荒漠化治理类型技术标准草案将在下表中（附表 3-4）列出。此标准为不同生态区域和植被类型的初步和假设平均标准。这些标准将根据宁夏草原站的监测数据以及进一步的现地监测经验进行修订。

围栏标准

① 建设类型：混凝土桩铁丝网围栏。

② 围栏桩设计：

● 围栏桩：10cm× 10cm× 170cm。

● 拐弯和门的立柱：15cm× 15cm× 170cm。

③ 围栏丝网设计：

● 90cm 高，7 道平行铁丝，之间的间隔为 12、12、15、15、18 和 18cm（从底部算起）。

● 垂直铁丝每间隔 60cm 一道。

● 除了顶部和底部用 2.8mm 的铁丝，所有的铁丝都是直径为 2.5mm 的。

附表 3-4　草场等级和标准

草场等级	V1~V2	V3	V4	
荒漠化指数	轻度	中度	重度	
解除禁牧前需恢复年限	0~2 年	3~5 年	>5 年	
适用于综合荒漠化治理的模式	R1, R2	R1	E1	
标准：				备注
覆盖植被：早季（%）	>50	30~50	<30	
覆盖植被：中季（%）	>75	50~75	<50	8月下旬
总产量（kg/hm²）	>600	300~600	<300	
可食用草产量（kg/hm²）	>300	150~300	<150	

④ 围栏建设：角桩要保证有 2 根支柱，围栏桩之间的平均距离为 8m。

投入

项目投入

● 将项目参与式土地规划和参与式制图（PPM）综合到一起；

● 荒漠化评估和土地利用规划；

● 将荒漠化治理计划和许多子计划综合到一起，包括草场管理规划；

● 边界围栏的围栏材料；

● 草场监测和评估；

● 围栏、放牧管理培训和推广；

● 围栏的劳动力补助。

农户投入

● 愿意参加参与式土地利用规划——综合荒漠化治理项目并考虑组成村民小组；

● 有明确使用权的草场；

● 围栏的劳动力；

● 愿意遵守达成的草场管理规划；

● 参加培训和推广；

● 遵守项目围栏管理办法。

草原可持续性管理（模式 R2）

目标、范围和预期结果

目标

根据已经达成共识的草原管理计划，为了在土地荒漠化最小化的前提下发展畜牧业，就要建立具有生态效益的、可持续性管理的、植被得以恢复的草原。

范围

将在本项目的参与式土地利用规划的土地荒漠化分类和草原评估过程中，满足可持续性草原利用的最低标准，从而界定出合适的草场。愿意参加本项目的放牧小组将建设草原围栏和加密围栏格，为季节性轮牧奠定基础，同时考虑各种各样的因素，其中包括土地使用权、地貌景观、植被类型等其他相关条件。围栏格的最小面积为 50hm²。要根据植被类型的具体情况开展季节性轮牧，并要建立明确、客观并具有弹性的放牧管理规章制度，使草原资源的利用保持具有可持续性。如果被安排到 R1 模式的草原达到了附表 3-5 阐述的最低标准，就可以获得资格升格到 R2 模式。R2 模式适合于大多数项目县，面积最大的盐池县具有最大的潜力。不建议播种。

预期结果

愿意参加本项目的农民小组将把他们成片的草原分割成一个个围栏格，为草原资源的可持续性管理和畜牧业发展奠定基础。

立地条件

① 根据本项目的参与式土地利用和荒漠化综合治理规划过程中的草原资源评估结果，自从 2003 年全面禁牧以来，植被得到充分恢复，已经能够满足草原资源可持续性管理最低标准的草原。

② 具有足够数量的有用的饲料物种，能够借助以季节性放牧为基础的草原资源可持续性管理而发展畜牧业的草原。

③ 在总面积内，严重退化土地不超过 10% 的草原。

④ 理想化的草原还具有这样的特征：地形地貌整齐、均匀、没有支离破碎的情况，有利于在建设围栏和围栏格加密的过程中满足投资效益的要求，围栏格的最小面积为 50hm²。

⑤ 在围栏内退化的区域不得超过 20hm²，否则应归入 E1 模式，在小班的管理下，用社会围栏予以保护。

⑥ 有靠近水源、便于围栏格轮牧的路径。

⑦ 不靠近重要基础设施的草原（基础设施，如国道、天然气管道、铁路）。

技术参数

对草原可持续性管理的最低技术要求阐述如下（附表 3-5）：

草原放牧管理指南

草原放牧管理的关键指标应当既有客观性又有弹性，具体内容包括：

● 冬季后的开牧日期；

● 载畜量；

● 每个轮牧组的围栏格数量；

● 轮牧频率；

● 冬季前的终牧日期。

附表 3-5　草原可持续性管理（R2）技术设计参数

代码	模式	概述	详细描述
R2	草原可持续性管理	1. 包含在草原管理规划中，能够满足可持续性草原利用的最低标准（根据草原站的监测与评估结果），就可以获得资格升格到R2模式。 2. 根据草原管理规划，愿意参加本项目的农民小组将把他们成片的草原分割成一个个围栏格，为生态改善、季节性轮牧、草原资源的可持续性管理和畜牧业发展奠定基础。 3. 农民小组根据草原站审定的年度计划开展可持续性的放牧管理。 4. 根据草原管理计划和村规民约，通过"社会围栏"隔离并保护草原中的小片退化土地和沙丘。 5. 应当保护围栏不被盗窃。 6. 由草原站开展草原监测，对保持或者改善草原状况的农民小组提供奖金。 7. 每个村都要建立农民小组协会，以取得信息共享、与草原站协调关系的作用。	1. 通过草原站通用的客观标准评估草原的状况，内容包括：植被状况、可食性干物质生产量。 2. 每个轮牧至少要有4个围栏格。 3. 围栏格的最小面积为50hm²。 4. 草原立地条件最好要均匀。 5. 围栏格内的严重退化草原面积不得超过其总面积的10%。 6. 围栏建设标准：7道丝网片，有网扣，桩距8m。 7. 具有季节性轮牧的详细计划，并通过草原站的审批，计划要客观、具有弹性和可操作性，主要技术参数包括：开牧日期、载畜量、轮牧规章制度、终牧日期。

投入

    <u>项目的投入</u>

- 开展了具有 PPM 的综合性参与式土地利用规划；
- 土地荒漠化评估和土地利用规划；
- 具有多个分项计划（包括草原管理计划）的土地荒漠化综合治理计划；
- 围栏格加密的围栏建设材料；
- 草原监测与评估；
- 围栏和放牧管理技术培训和推广；
- 围栏建设的劳务费补贴；
- 以绩效为基础的激励机制，主要针对草原资源保护和植被恢复，也包括灌木饲料生产。

    <u>农户的投入</u>

- 愿意参加本项目的参与式土地利用规划并考虑组建农民小组；
- 草原使用权属明确；
- 围栏建设、放牧、草原资源保护的劳动力；
- 家畜；
- 愿意遵循已达成共识的草原管理计划；
- 参加技术培训和推广；
- 遵循围栏建设和放牧管理指南；
- 保护围栏和草原资源。

灌木饲料生产（模式 R3）

目标、范围和预期成果

    <u>目标</u>

为了在围栏区内最合适的土地上建设灌木饲料（主要是柠条）生产基地，以支持养殖业生产的可持续性发展。

    <u>范围</u>

将在本项目的参与式土地利用规划的土地荒漠化分类和草原评估过程中，界定出最合适的草原用于发展灌木饲料生产，形成饲料基地。已经达到草原可持续性管理（R2 模式）目标的农民小组，将在综合性草原管理计划的框架下，在他们的已经达到可持续性管理目标的草原内，在合适的地方联合建立起灌木饲料生产基地。此外，对于届时还没有达到草原植被恢复／封育（R1 模式）目标的某些农户和农民小组，可以把同意他们建立灌木饲料生产基地作为奖励。这方面潜力最大的是盐池县，其次是红寺堡。不建议建设围栏。

    <u>预期结果</u>

愿意参加本项目的农民小组将建设高质量的具有生产力的灌木饲料生产基地，以补充在冬季和干旱年份的饲料需求，保持草原资源的可持续性管理。

立地条件

    ① 长期年均降水量 230mm 以上。

    ② 立地条件好，有利于饲料生产，例如：

- 最好是砂壤土，避免坚硬的钙质土；
- 土地平坦，坡度小于 15°，土壤水分条件好。

    ③ 灌木饲料生产基地应当有"社会围栏"的保护，能免于被盗牧，符合草原管理规划。

    ④ 播种后 3~5 年内不收割，收割活动需得到草原站的审批。

技术参数（附表3-6）

① 灌木饲料模式标准，使用柠条的播种标准，播3行，行距为1m，每3行间隔6m。

② 种植用国家标准，每亩220株，株距1m，合格率是：

● 检查1（播种后的10月）85%（即187株/亩）；

● 检查2（播种3年后）65%（即143株/亩）。

③ 整个模式的播种量（率）为1kg/亩，种子的技术标准为：

● 纯度   90%；

● 发芽率   90%；

● 水分   14%；

● 病虫害   5%（不超过）。

附表3-6 灌木饲料生产（R3）技术设计参数

代码	模式	概述	详细描述
R3	灌木饲料生产	1. 在本项目的参与式土地利用规划和立地条件评估过程中，制订了草原管理计划[详见草原植被被恢复/封育（R1）和草原可持续性管理（R2）]。 2. 具有建设高质量的具有生产力的灌木饲料生产基地的条件，以补充在冬季和干旱年份的饲料需求，保持草原资源的可持续性管理。 3. 主要物种是柠条。 4. 每个农民小组的灌木饲料生产基地应当连片。 5. 应当选择成功概率高、饲料市场潜力大的地方建设灌木饲料生产基地。 6. 有应当有"社会围栏"的保护，能免于被盗牧，符合草原管理规划。	1. 气候条件和土壤条件应当有利于提高饲料生产，具体包括：（i）长期年均降水量230mm以上；（ii）砂壤土；（iii）土地平坦，坡度小于15°，土壤水分条件好。 2. 避免坚硬的钙质土。 3. 建议机械条播。 4. 建议等高线播种，以便最大程度地减少水土流失。 5. 优质种子的播种量为1kg/亩。 6. 在播种后至少3年内，或者饲料灌木的生长高度在达到80cm之前，不得收割。

投入

项目投入

● 将参与式土地利用和参与式制图综合到一起；

● 荒漠化评估和土地利用规划；

● 将荒漠化综合治理规划与各种子规划相结合，包括草原管理规划；

● 种子和机械设施；

● 为选择项目点、整地和播种所开展的技术培训和推广；

● 监测评估；

● 劳动力建设补助。

农户投入

● 自愿参加参与式土地利用规划——综合沙漠化治理项目；

● 有明确的草场使用权；

● 劳动力和机械（拖拉机、犁地机和播种机）；

● 参加培训和推广；

● 遵循建立、保护和收割灌木饲料的指导方法；

● 保护灌木饲料区，根据放牧管理规划使用"社会围栏"。

侵蚀控制 / 水土保持类型
以水土保持为目的的自然恢复（模式 E1）

目标、范围和预期成果

目标
在现地评估中被认定 3 年内不能达到 R1 模式标准而需要加以保护的区域。这些区域要临近国家主要基础设施和村庄，如国家级公路、天然气管道、铁路和将被沙化土地包围的村庄。对这些区域项目进行保护性自然恢复。

范围
E1 模式包括需要保护的国家级主要基础设施和村庄，如国家级公路、天然气管道、铁路和将被沙化土地包围的村庄。还包括以前就已经退化、在现地评估中被认定虽然已经禁牧但在 3 年内仍无法恢复的草原。自然恢复是指没有人为的干扰，没有补播和围栏，让其自然恢复。

预期成果
低成本，逐渐地提高保护区域的植被盖度，改善需要保护的基础设施的周边环境，为严重退化、需要很长时间才具有利用潜力的草原提供自然恢复性保护。

立地条件

① 对保护和改善现有草原状况感兴趣的拥有羊只的农户、村民小组和集体。
② 农户、村民小组和集体对参加项目的草原有清晰的使用权。
③ 500m 内有国家级主要基础设施，如公路、铁路和天然气管道等。
④ 100m 内有居民点和基础设施。
⑤ 严重退化近期内没有可持续性利用的可能。
⑥ 依据现地评估认定 3 年内无法达到可持续性草原管理的标准。

技术说明

主要技术规格
以水土保持为目的的自然恢复（模式 E1）技术参数如附表 3-7 所示。

附表 3-7　以水土保持为目的的自然恢复（模式 E1）技术设计

名称	模式	概述	说明
E1	生态封禁区	1. 在参与式土地利用和荒漠化综合治理规划的现地评估中被认定为下列情况之一：严重退化在3年内无法达到可持续性管理标准的草原；临近国家基础设施如公路、铁路和天然气管道的草原。 2. 由于资金有限，E1模式优先考虑自愿参加的村民小组与其签订合同，划分边界，用"社会围栏"予以保护和监测防止非法放牧和人为的干扰。 3. 根据保护和改善的植被情况给予奖励。	1. 评估标准采用草原站根据植被盖度和家畜可食用的干物质产量的标准。 2. 与国家基础设施的距离不得大于500m。 3. 在划定边界和签订合同的3年后，经监测评估合格才能支付奖金。 4. 村民小组要依据荒漠化综合治理规划，项目合同和村规民约对项目区实施保护。

投入

项目投入
● 参与式土地利用和荒漠化综合治理规划以及参与式制图。
● 荒漠化评估和土地利用规划。
● 荒漠化综合治理规划。

- 草原监测与评估。
- 技术培训与推广。
- 对保护和恢复成绩显著的农户给与奖励。

受益者投入

- 自愿参加参与式土地利用和荒漠化综合治理规划以及草原保护活动。
- 具有清晰使用权的土地。
- 边界划分和保护的劳务。
- 参加培训和技术推广。
- 遵循项目指南。

生态型沙丘植被恢复（模式 E2）

目标、范围和预期效果

目标

在本土经验的基础上，对于逼近农田边缘和／或处于草场内部的沙丘，发展和示范更趋完善的沙丘固定和生态上可持续利用的模式。

本生态恢复模式以毛乌素沙地的本土经验为主要依据。

范围

- 只限于那些跟农田和／或草场有直接关系的沙丘，并非大规模的沙丘治理。
- 不包括广袤的、密集分布的沙丘，由于这种情况下的产出／投入比例不合算。

问题：将来待沙丘完全固定之后，地表结皮会严重阻碍雨水下渗。为适度破除结皮而进行的放牧则很难操作和控制。

预期结果

- 沙丘大部分被固定和有植被覆盖，只有丘顶部分（约占总面积的 1/5）在最初 3 年处于裸露状态，有利于借助风力拉平。
- 植被盖度大大提高（>35%），生物多样性增大（4 个种 /20m²）。
- 生物结皮形成并覆盖地表（盖度 >20%），有利于生土过程。
- 半灌木周围的"肥岛"效应对土壤养分有益处。
- 消除了农田和草地的沙害。
- 促进人工植被和天然植被的更新。
- 沙丘高度降低，微地形变得较为平缓。
- 生产部分薪柴，尽管产量有限。
- 乔灌木的保存率达 80% 以上。

立地条件

地形和立地条件

- 多年的年均降水量 > 230mm，沙丘、丘间低地以及平沙地对农田／草场有危害或潜在威胁。
- 沙丘处于移动状态，逼近农田或草场。
- 在多年的年均降水量为 250~280mm 的地区，除了按照上述配置，于丘间低地增加一行沙枣。
- 在多年的年均降水量为 280~300mm 的地区，除了按照上述配置，于丘间低地再增加一行刺槐。

技术规范

技术原则概要

① 初期阶段为了借助风力拉平丘顶（约占总面积的 1/5）和降低沙丘高度，丘顶部分设计为敞开裸露，不种植

附表 3-8　沙丘固定和生态恢复（模式 E2）计算实例

植物种	行数	比例（%）	需要苗木数量或其他
迎风坡下部			
半灌木（油蒿）	2行为一带，带距2m；行距1m，株距1m；20m宽共计14行，栽植部分约占2/3	20	1333＋1333×20%（补植）＝1600（棵苗）
迎风坡中下部			
麦秸方格；其内栽植灌木（花棒）	隔行栽，行内隔一个方格栽（挖坑栽植）	20	500＋500×20%（补植）＝600（棵苗）
标准方格	1m×1m		200m²
试验方格	见附图3-1		
陡坡部分（B）	规格：1.0m×1.0m		667m² 667个格子
中等坡度部分（A和IC）	规格：1.25m×1.25m		1334m² 854个格子
沙丘顶部			
不栽植		20	0
背风坡（仅仅是坡脚部位）			
灌木柳	每坑压4根柳条	30	3000个坑，12000根柳条
丘间低地			
团块状栽植沙枣、刺槐	10m×10m，或更大距离	10或 更少	仅仅 50株
总计：半灌木 1400株；灌木900株；乔木50株或更少；柳条 12000根；（试验方案）草 方格1520 个格子，覆盖2000m² 的面积			

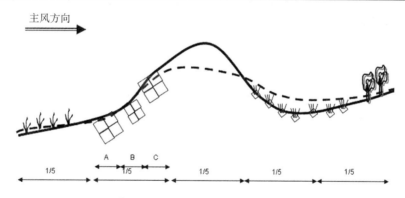

附图 3-1　沙丘固定和生态恢复示意

注意：图中的草方格有大小之分，应当因地制宜地选用。在陡坡部位应采用标准规格（1m×1m）；而在坡度比较平缓的部位则采用宽规格（1.25m×1.25m）。这样做可以明显降低本模式的造价。但是，由于宽规格的方格尚未经过实践检验，所以有待考验几年以后方可推广应用。

↓	半灌木：油蒿 灌木：花棒、杨柴
▦	麦秸方格状沙障，保护新栽植的灌木免受风蚀
ⸯ	压条：沙柳
♉	乔木：沙枣、刺槐
实线	开始栽植时候的地形
虚线	栽植两三年以后，变化了的地形

附表 3-9　沙丘固定和生态恢复技术设计规范概览

类型	植物种	混交形式	功能	适宜地点
中等沙丘（高度 3~5m，单个分布）				
迎风坡	沙蒿、花棒、沙拐枣	带状混交	后拉	沙丘下部
背风坡	灌木柳（压条）、沙枣、刺槐	纯沙柳林，有零星乔木伞	阻挡沙丘前移，并使流沙均匀沉积；为牲畜遮阴	沙丘基部和丘间低地
沙丘上部和丘顶	沙米、绵蓬、猪毛菜、狗尾草等天然植被在雨季发芽生长		削平丘顶，逐渐降低沙丘高度	丘顶和沙丘上部

任何植物。其他部分栽植 3 年后，即下一个阶段，这部分的固定依赖天然种子库。

② 为了给风沙流提供均匀沉降的良好条件，在沙丘背风坡的坡脚处和丘间低地配置沙柳这种具有耐沙埋能力很强、阻沙能力却比较差的灌木。该配置可以促进来自丘顶的流沙比较均匀地沉降于丘间低地。

③ 方格沙障仅仅配置在迎风坡的中下部，然后隔行栽植灌木。行内则栽植一格，空留一格，即栽植的株数为方格数的 1/4。

④ 方格沙障覆盖的面积占沙丘及丘间低地总面积的 1/5 左右。

关键技术

● 植物种：沙生植物，具有速生、枝条茂密、不定根发达，却并不真正耐旱的植物：油蒿、花棒、杨柴、沙拐枣、柠条、小叶锦鸡儿、沙柳、沙枣、刺槐、榆树等。

● 造林设计：沙柳为（埋）压条，其余均为栽植苗木。

● 放牧设计：为了保护幼林和天然植被免受破坏和践踏，至少禁牧 5 年。5 年以后，也只允许夏、秋季节很轻微的放牧（<0.2 只羊 /hm²）。

主要技术内涵

① 灌木和乔木"前挡"，半灌木和灌木"后拉"，风力削平丘顶；因此，可以减小昂贵的机械固沙措施（草方格）的比例。

② 在沙丘的背风向一侧，有必要栽植小丛树木，将来为牲畜遮阴，并增加景观多样性。

③ 植物种：选用豆科植物，用于固氮；选择蒿属半灌木，利用其强大的固沙能力和"肥岛"效应，以及可食性差（动物不大啃食）的优点。

④ 充分利用半灌木、灌木、1 年生和多年生草本植物在沙丘中的天然种子库。所以，没有必要在这些地方进行人工播种。

⑤ 沙柳和乔木必须栽植在背风面的丘间低地。

⑥ 在迎风面栽植灌木必须用方格沙障保护。由于半灌木不需要方格沙障保护，所以扎设方格沙障的面积只占总面积的 1/5。

⑦ 草方格通常在秋天施工，灌木栽植在早冬或翌年早春施工。方格扎好之后，灌木栽植不可拖延 4 个月之久，以免沙层的墒情恶化。

⑧ 降水量不同的地区，植物种的配置也应当有下述区别：

● 在按照上述概图配置的基础上，如果年降水量为 230~250mm，乔木的栽植密度应低于 50 株 /hm²；

● 如果年降水量为 250~280mm，可以在丘间低地配置一行沙枣；

● 如果年降水量为 280~300mm，可以在栽植沙枣的基础上再栽植一行刺槐。

⑨ 栽植坑的规格：40cm×40cm×50cm

技术设计规范概要

沙丘固定和生态恢复的原理是：灌木柳和乔木"前挡"，灌木"固坡"，半灌木"后拉"，靠风力削平丘顶。

投入

项目投入

- 参与式土地利用规划，制图，沙丘整治设计；
- 材料：种苗，种子，麦秸；
- 监测，培训，栽植施工的劳力补贴，奖励优秀的奖金。

受益者投入

- 土地和劳力；
- 参与培训和遵循技术指南。

草方格固沙（模式 E3）

目标、范围和预期效果

目标

为固定沙丘和沙地，发展和示范快速固沙措施，用于保护某些重要的特殊地点和 / 或设施免受沙害。

范围

仅仅涉及保护下述直接遭受沙害的特殊地点：

- "大面积设施"（>4hm²），其上风方向 500m 之内有流沙；
- "小面积设施"（1~4 hm²），其上风方向 200m 之内有流沙；
- "带状设施"，其上风方向 50 m 之内有流沙；
- "点状设施"，其上风方向 20m 之内有流沙。

草方格防护带（工程）的最大宽度：

- "大面积设施"：防护带 300m 宽；
- "小面积设施"：防护带 100m 宽；
- "带状设施"：防护带 50m 宽；
- "点状设施"：防护带 20m 宽。

预期效果

- 快速固定流动沙丘和沙地，短期内（<5 天）消除沙害；
- 促进天然植被恢复。

立地条件选择

地形和立地条件

流动沙丘或者风沙流逼近了属于项目区的某些基础设施，例如村庄、果园、温室、棚圈、泵站、渠系、水井、道路、围栏、电线等。

技术规范

技术原则概要

- 被保护的设施的价值必须达到治理流沙的造价的 5 倍。

关键的技术设计

- 植物种类：只在草方格的网眼中栽植或播种半灌木。
- 造林设计：无其他栽植。
- 放牧设计：严格禁止放牧。
- 草方格设计：高出地面 >20cm；埋入地下 >15cm；网眼 1m×1m；用麦秸的量为 0.7kg/m²（附图 3-2）。

高出地面：20~25cm　埋入地下：18~20cm

附图 3-2　麦秸方格沙障近景图

103

● 特别注意防火。

● 避免任何干扰和破坏，例如放牧、践踏、小孩玩耍。

● 连续修补4年，每年修补在5%以下。

在陡坡（>10°）上扎设沙障的时候，为了避免施工者自己践踏沙障，正确的施工顺序是：

● 首先，沿顺坡方向，从上到下，完成全部的竖向障带。

● 然后，开始沿等高线方向扎设横障。依然要坚持从上到下的顺序。

技术设计规范概要

草方格固沙的技术规范概要见附表3-10。

附表3-10　草方格固沙的技术规范概要（E3）

保护地点	沙害距离	施工规模（宽度）	备注
沙丘逼近村庄	上风方向500m以内	＜300m	规格为1.25m×1.25m的方格沙障，用麦秸量：0.9 kg/格子（1.56m²），
逼近渠、路等（必须是属于项目村的）	上风方向50m内	＜30m	
威胁到其他设施（水井、泵站、棚圈等）	上风方向不超过100m	＜50m	沙障高出地面25cm，埋入地下20cm；栽植灌木的株行距：4m×4m
作为辅助措施促进沙丘生态恢复	仅用于较大沙丘（高度>4m）的迎风坡，而且准备栽植灌木的部位	宽度不超过20m	

投入

项目投入

● 参与式土地利用规划、制图、沙丘治理设计；

● 材料：种苗，麦秸；

● 监测，培训，劳力补助，奖励优秀的奖金。

受益者投入

● 土地和劳力；

● 参与培训和遵循技术指南。

农田防护林（模式E4 ）

目标、范围和预期效果

目标

发展和示范完善的和生态上可持续的林网体系，保护高产的灌溉农田，并且尽量少占耕地。

范围

农田林带建设包括在灌区营造新林带或改造已有林带。改造现有林带指的是：

● A模式：修复和补植现有林带的缺口；

● B模式：在灌区延伸现有的农田林网。

由于适合A模式的地点均在高产灌溉农田内部，没有实施项目的其他措施，所以项目集中在B模式。利用参与式土地利用规划的实习机会，将会就灌区林网的布局和范围进行设计，促进B模式的落实。只有遇到特殊情况的时候才可能支持A模式。

面积限制

● 较大规模（＞50hm²）；

- 树木占地的比例不超过被保护的农田的 8%。

最大面积

- 主林带和副林带的小班：2hm²；
- 三级林带的小班：总面积 15~20hm²，植树的面积 1.5~2.0hm²。

预期效果

- 大大降低近地面风速，免除土壤风蚀，特别是春播季节的风蚀；
- 大大降低夏季干热风在作物扬花和灌浆阶段造成的危害；
- 虽然树木对紧邻林带的作物有遮阴作用，林带还是能提高作物产量（大约 10%~20%）；
- 出产一定数量的民用木材；
- 出产一定数量的薪材；
- 出产的树叶可在急需的时候当作饲料。

立地条件选择

地形和立地条件

农田的地形平坦，或地形适中，灌溉基础设施完善，作物和树木的灌溉都有保证。

具体条件

- 灌溉水的水源供应有绝对保证，完善的灌溉系统已经建成。
- 主要对象是完全合法的新垦灌溉农田。个人或集体非法扩大的耕地不在此范围。
- 缺少完善的林带体系。
- 具有土地权和林权，并且有正规的土地证和林权证（证书，证本），在使用权和所有权方面没有潜在冲突或矛盾。

土壤

壤质、砂壤质，或混有黄土。

立地条件分类

有灌溉条件和有高产潜力的农田。

技术规范

技术原则

- 树种选择：林带走向的设计应当考虑主导风向。主风向迎风侧边缘配置较低矮的乔木或灌木或半灌木。然后紧跟着在第二、第三行配置高大树种，在第四行以及靠农田的一侧的几行也可配置果树。针对不同目的和不同部位，可供选择的树种表述如附图 3-3 所示。果树的选择要根据立地条件适宜性、经济效益和所涉及的农户的意愿等因素。

| 新疆杨 | 刺槐 | 臭椿 | 红枣 | 沙枣 | 沙柳 | 柠条 |

附图 3-3 林带树种

- 造林设计参见下面的示意图（附图 3-4）：

附图 3-4 是一个关于营造林带的林班的概略示意图。图中表明，主林带和副林带形成了清晰的基本骨架结构。由于三级林带多半是沿着农田地块的边缘，走向不要求很直。参与的农户的地块如果位于小班内部，可以在他的地

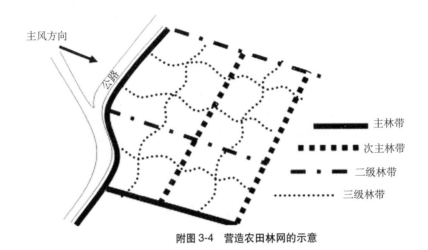

附图 3-4　营造农田林网的示意

块的两侧各栽一条单行林带，最好是垂直于主风向的。株距3m。由于并非所有农户都参与，所以小班内难以形成完整的和直线的农田防风林带。必须对每个小班内参与的最少户数进行计算，以便达到每公顷栽1665株树（即每亩111株）的要求。

主林带是整个林网覆盖区域的外围骨架，发挥防御主风方向来风的功能。第一行树需要抗性强而又较低矮的树种，把风导向到后面的高大树木，避免风从林冠下面穿透而过（附图3-5）。

二级主林带和副林带发挥重要的补充功能，将风继续破碎成小涡旋，防止劲风吹进林班内（附图3-6）。

三级林带（附图3-7）以及末级林带（风障）继续更进一步将来风破碎为更小漩涡，还可生产出民用建筑木材和燃料。

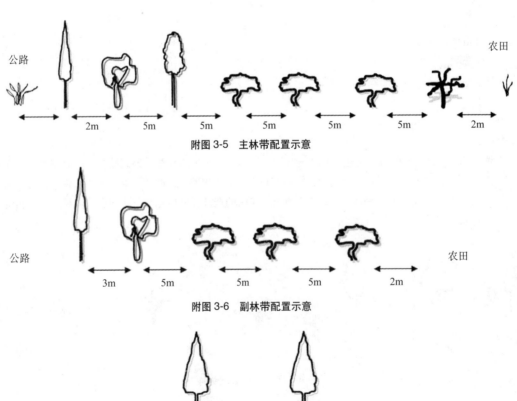

附图 3-5　主林带配置示意

附图 3-6　副林带配置示意

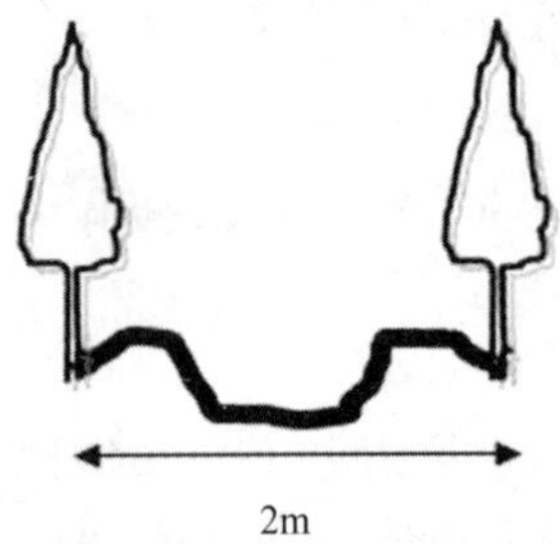

附图 3-7　三级林带示意

关键技术

① 根据立地条件、防护要求以及农民意愿选择树种。在主（副）林带内进行间作套种时，仅限采用矮小的作物（黄豆、洋芋等）。

② 果树离开农田林带其他树木至少 1.2m。

③ 只允许栽植符合本项目苗木标准的苗木。

④ 造林前全面整地：深度 >30cm。

⑤ 苗木在长途运输之前必须泥浆蘸根、打捆、包装，运到之后立即假植。

⑥ 项目提供第二年补植用的苗木，最多不超过 20%。

⑦ 栽植坑规格：60cm×60cm×60cm。

⑧ 栽植后立即灌水，不超过半天；每株树浇水 40L（约 40kg）；之后则根据需要及时安排浇水。

⑨ 防止人、畜干扰破坏，严格保护林带幼树，牲口严禁入内。

面积计算

① 新造林带：

为将林带长度换算为面积（亩），本项目采用下述国家标准：

● 单行林带的面积＝林带长度 ×2 m/ 亩；

● 双行林带的面积＝林带长度 × 4 m/ 亩；

● 多行林带的面积＝林带长度 ×（林带实际宽度 ＋2m）/ 亩。

注意：如果两家农户共造和共用同一条林带，计算面积时也平摊。

② 现有林带缺口补植：按照相同类型的新造林带的株行距标准，将补植的株数换算为面积（亩数）。

技术设计规范概要

护田林带（E4 模式）技术设计规范概要见附表 3-11。

附表 3-11　护田林带（E4 模式）技术设计规范概要

编号	模式构件	主要条款	植物种
E4-1	主林带	主林带尽量垂直于主风向。最少3行乔木、1行灌木。树种要多样化。例如，4行乔木，4个树种，株行距均3m，3行果树，行距5m，株距3m；1行灌木，株距1.5m	乔木：新疆杨、刺槐、臭椿和沙枣；果树：红枣；灌木：沙柳和柠条
E4-2	副林带	最少2行（1个树种），株行距均3m，"品"字形配置	新疆杨、刺槐或臭椿
E4-3	三级林带（田内林带）	1行或2行乔木，沿农田地块的边界线，株距3m。相当于每亩111株树。若2行，则亦按"品"字形配置	新疆杨、刺槐或臭椿等

投入

项目投入

● 参与式土地利用规划，林带网格设计以及管理计划的设计；

● 材料：种苗；

● 监测，培训和推广，栽植林带的劳力补贴。

受益者投入

● 土地和劳力，浇水；

● 参与培训和遵循技术指南。

压砂地红枣种植（模式 E5）

目标、范围和预期结果

目标

压砂地在种植了西瓜 10~20 年后，效益降低，为了能够在这种条件下可持续发展，因而引进了间作枣树的种植体系。

范围

部分早期的压砂地已经种植了西瓜，现在开始设计间作枣树，而另一部分新建设的压砂地则设计同一年种植西瓜并间作枣树。

预期结果

- 成活率：不低于 80 %；
- 3~5 年后枣树可以起到一定的防护林的效用；
- 3~4 年后枣树可以生产出一般质量的果实，用作干枣；
- 5 年后，在降雨量超过 200mm 的年份或有补充灌溉的条件下，枣树可以生产出高质量的果实；
- 3 年内枣树的树高可以达到 2m；
- 3 年内枣树单株产量可以达到 2kg。

立地条件

立地类型和立地条件

- 超过 30 年的长期年均降水量大于 180mm（附表 3-12）。

附表 3-12　立地条件分级表

项目	最适宜（1级）	中等适宜（2级）	不适宜（3级）
距离公路（m）	≤200	200~400	≥400
附近是否有水源	是	是	否
土层深度（cm）	≥100	40~100	≤40
土质	壤土	砂壤土	砂土

土壤

压砂前，土质应该是砂壤土到壤土，砂土不适宜压砂后种植西瓜、枣树，土层厚度最好超过 100cm。

适宜压砂地西瓜和枣树的立地条件

下面是一些适宜的特征：

- 距离公路 200m 之内；
- 5km 之内有蓄水池；
- 土层深度大于 100cm；
- 土质是壤土；
- 一级立地条件：砂壤土、排水好、没有或仅有轻度的盐碱、降雨量 210~240mm，项目区最佳海拔高度 1300~1400m。

技术要点

基本原则

压砂地枣树与西瓜间作（附图 3-8，彩版），枣树采用大的株行距，在第三年可以结果，5 年之内枣树不会影响西瓜生长，5 年后枣树对西瓜产生轻微影响，之后 10 年枣树和西瓜可以间作共存，正常结果。

关键技术

① 密度：行距采用宽行距，10~12m，株距 3~4m，密度 10m×3m 为 22 株 / 亩（333 株 /hm²），密度 12m×3m 为 18 株 / 亩（277 株 /hm²）。

② 栽植之前选择鲜食品种还是干枣品种应该明确，灵武长红枣适宜鲜食，中宁小枣适宜制作干枣，其他省区的品种因为适应性不明确、贮运特性不清楚，不宜选用。

③ 枣树苗木应该选用 2 年生，至少在苗圃中归圃 1 年，这些苗木至少要有 3 条根，只有达到这种规格的苗木，

栽植成活率和早期结果才能保证。

④ 苗木运输中应该加以保护以防失水，苗木到达农户地头后，必须告诉农民在栽植前假植保护，栽植前，苗木要泡水一夜。

⑤ 栽植坑挖成后要用好土和农家肥加以改良，栽植坑的大小至少 60cm×60cm×60cm，每个栽植坑应该施入 5kg 优质农家肥，如羊粪，另外还要加入 0.5kg 磷酸二铵。

⑥ 栽植后立即浇水，每个树坑至少 50kg 水，如果可能，浇水后立即覆膜。

⑦ 栽植后，建议进行修剪，修剪可以提高枣树的根冠比，有利于成活和及早生长，剪后，涂抹保护漆。

附图 3-8　压砂地枣瓜间作

⑧ 第一年在坐果后，将幼果疏除。

⑨ 如果第一年成活和生长良好，第三年枣树可以有好的收成，这将增加农民的信心，在随后的年份增加劳力、浇水投入，这样将来的收成会更高。

技术小结

压砂地枣树技术小结如附表 3-13 所示。

附表 3-13　压砂地枣树技术小结（模式 E5）

品种	密度	间距	解释
中宁小枣、灵武长红枣	250株/hm² 项目区标准: 240 株/hm² 或 16 株/亩	10m×4m	低密度设计的目的是为了最大限度地利用更大范围的降雨

注释: 造林地验收标准是每亩至少 22 株树，因此林业部门更愿意采用 8m×4m 或者 10m×3m 的株行距。

投入

项目投入

● 参与式土地利用规划、设计；

● 栽植材料：种苗；

● 监测与评估，培训，劳务费补贴，奖金。

受益者投入

● 土地和劳动力、水、肥、病虫害防治；

● 参加培训，遵照项目指南。

旱地枣树（模式 E6）

目标、范围和预期结果

目标

为了使红枣在非常干旱的自然条件下仍然有可持续的收入，特意引进集雨设施。

范围

采用红枣栽培与集雨设施相配套的技术设计方案。

预期结果

● 成活率不低于 80%；

● 3~5 年后枣树可以起到防护林的作用；

- 3~4 后枣树开始结果，果品质量可以用于制作干枣；
- 在枣园附近建设集雨设施，进行补灌。

立地条件

土地类型和立地条件

- 长期（30 年以上）平均降雨量超过 180mm。
- 集雨面积至少为红枣栽培面积的 3 倍。

土壤

土壤应该为砂壤土到壤土，土质较好，土层厚度应大于 100cm。

立地条件分类

立地条件分类见附表 3-14。

附表 3-14 立地条件分类

项目	1类	2类	3类
土层厚度（cm）	≥100	40~100	≤40
土壤质地	壤土	砂壤土	砂土

技术规程

基本原则

集雨面积至少为红枣栽培面积的 3 倍，以保证补灌用水。

主要技术设计细节

① 密度：枣树行距 6m，株距 3m，每亩 37 株，每公顷 555 株。

② 苗木运输中应该加以保护以防失水，苗木到达农户地头后，必须告诉农民在栽植前假植保护，栽植前，苗木要泡水一夜。

③ 枣树苗木应该选用 2 年生，至少在苗圃中归圃 1 年，这些苗木至少要有 3 条根，只有达到这种规格的苗木，栽植成活率和早期结果才能保证。

④ 苗木运输中应该加以保护以防失水，苗木到达农户地头后，必须告诉农民在栽植前假植保护，栽植前，苗木要泡水一夜。

⑤ 栽植坑挖成后要用好土和农家肥加以改良，栽植坑的大小至少 60cm×60cm×60cm，每个栽植坑应该施入 5kg 优质农家肥，如羊粪，另外还要加入 0.5kg 磷酸二铵。

⑥ 栽植后立即浇水，每个树坑至少 50kg 水，如果可能，浇水后立即覆膜。

⑦ 栽植后，建议进行修剪，修剪可以提高枣树的根冠比，有利于成活和及早生长，剪后，涂抹保护漆。

⑧ 第一年在坐果后，将幼果疏除。

⑨ 如果第一年成活和生长良好，第三年枣树可以有好的收成，这将增加农民的信心，在随后的年份增加劳力、浇水投入，这样将来的收成会更高。

技术设计规程总结

旱地枣树（模式 E6）技术小结见附表 3-15。

附表 3-15 旱地枣树技术小结（模式 E6）

品种	密度	株行距	解释
中宁小枣、灵武长红枣	312 株/hm²（约 300株/hm²；或 20 株/亩）	8m×4m项目区标准（如果有足够的灌水和其他投入，密度也可以是 6m×3m）	一般密度是以集雨条件为依据设计的

投入

项目投入

● 参与式土地利用规划、设计；

● 栽植材料：苗木；

● 集雨设施建设；

● 监测与评估，培训，劳务费补贴，奖金。

受益者投入

● 土地和劳动力、水、肥、病虫害防治；

● 参加培训，遵照项目指南。

庭院果树栽植

目标、范围和预期结果

目标

通过分散或小规模的果树种植以增加农户收入。

范围

只限于庭院或附近的适宜地点，每户的最高限度是 50 株树，鼓励栽植多种果树。

预期结果

农民把庭院果树种植起来并加以保护。

立地条件

土壤类型和条件

● 长期（超过 30 年）平均降雨量大于 180mm。

土壤

土壤应该为砂壤土或壤土，砂土不适宜，土层厚度大于 100cm。

立地条件分级表

立地条件分级表见附表 3-16。

附表 3-16　立地条件分级表

项目	最适宜（1 级）	中等适宜（2 级）	不适宜（3 级）
附近是否有集雨窖	是	是	否
土层深度（cm）	≥100	40~100	≤40
土质	壤土	砂壤土	砂土

技术规程

总体原则

庭院果树应该考虑与一些蔬菜或其他作物间作，所以行距应该大于 6m。

1. 枣树

枣树可以在栽植后第一年结果，而且非常耐旱。

① 密度：行距采用宽行距，6~10m，株距 3~4m，密度 6m×3m 为 37 株 / 亩（555 株 /hm²），密度 10m×3m 为 22 株 / 亩（333 株 /hm²），这样就可以间作了。

② 栽植之前选择鲜食品种还是干枣品种应该明确，灵武长红枣适宜鲜食，中宁小枣适宜制作干枣，其他省区的

品种因为适应性不明确、贮运特性不清楚，不宜选用。

③ 枣树苗木应该选用 2 年生，至少在苗圃中归圃 1 年，这些苗木至少要有 3 条根，只有达到这种规格的苗木，栽植成活率和早期结果才能保证。

④ 苗木运输中应该加以保护以防失水，苗木到达农户地头后，必须告诉农民在栽植前假植保护，栽植前，苗木要泡水一夜。

⑤ 栽植坑挖成后要用好土和农家肥加以改良，栽植坑的大小至少 60cm×60cm×60cm，每个栽植坑应该施入 5kg 优质农家肥，如羊粪，另外还要加入 0.5kg 磷酸二铵。

⑥ 栽植后立即浇水，每个树坑至少 50kg 水，如果可能，浇水后立即覆膜。

⑦ 栽植后，建议进行修剪，修剪可以提高枣树的根冠比，有利于成活和及早生长，剪后，涂抹保护漆。

⑧ 第一年在坐果后，将幼果疏除。

⑨ 如果第一年成活和生长良好，第三年枣树可以有好的收成，这将增加农民的信心，在随后的年份增加劳力、浇水投入，这样将来的收成会更高。

2. 葡萄

此模式是针对鲜食葡萄的，而非酿酒葡萄，葡萄架式更多考虑的是庭院遮阴目的 。5~10m 长、2m 宽的大棚架是一个好的选择。

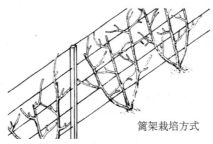

篱架栽培方式

附图 3-9　架式（篱架）

庭院葡萄栽植技术规程：

① 密度：行距采用宽行距，6~10m，株距 0.5~1m，密度 6m×0.5m 为 222 株 / 亩（3330 株 /hm²），密度 10m×1m 为 66 株 / 亩（990 株 /hm²），这样就可以间作了。

② 栽植前应该明确根据架式选择相应的品种，'大青'适宜大棚架，多数欧洲种品种和欧美杂交种品种都适宜篱架，成熟期晚于 9 月末的品种因为在宁夏不能正常成熟，所以不宜推荐。

③ 苗木至少要有 5 条根，只有达到这种规格的苗木，栽植成活率和早期结果才能保证。

④ 苗木运输中应该加以保护以防失水，苗木到达农户地头后，必须告诉农民在栽植前假植保护，栽植前，苗木要泡水一夜。

⑤ 栽植坑挖成后要用好土和农家肥加以改良，栽植坑的大小至少 60cm×60cm×60cm，或者 60cm×60cm 的栽植沟，每个栽植坑应该施入 5kg 优质农家肥，如羊粪，另外还要加入 0.5kg 磷酸二铵。

⑥ 栽植后立即浇水，每个树坑至少 50kg 水，如果可能，浇水后立即覆膜。

⑦ 根据整形目的进行夏季修剪和秋季修剪。

3. 苹果

庭院苹果主要考虑鲜食；早期落果和小果，可以收集制苹果干。

庭院苹果技术规程：

① 密度：行距采用宽行距，6m，株距 2~3m，密度 6m×2m 为 55 株 / 亩（832 株 /hm²），密度 6m×3m 为 37 株 / 亩（555 株 /hm²），这样就可以间作了。

② 多数引进的苹果品种都能适应宁夏的条件，但是成熟期晚于 10 月中旬的品种不适宜。苹果最主要的问题是由于缺乏适宜的矮化砧木，而造成在中国栽植的苹果树一般栽植 4 年后才能开始结果。

③ 苗木至少要有 5 条根，只有达到这种规格的苗木，栽植成活率和早期结果才能保证。

④ 苗木运输中应该加以保护以防失水，苗木到达农户地头后，必须告诉农民在栽植前假植保护，栽植前，苗木要泡水一夜。

⑤ 栽植坑挖成后要用好土和农家肥加以改良，栽植坑的大小至少 60cm×60cm×60cm，每个栽植坑应该施入 5kg 优质农家肥，如羊粪，另外还要加入 0.5kg 磷酸二铵。

⑥ 栽植后立即浇水，每个树坑至少 50kg 水，如果可能，浇水后立即覆膜。

⑦ 栽植后，建议进行修剪，修剪可以提高苹果树的根冠比，有利于成活和及早生长，剪后，涂抹保护漆。

⑧ 根据整形目的进行夏季修剪和秋季修剪。

4. 梨

庭院梨树主要针对鲜食用途。梨树栽植和苹果树相似。

庭院梨树技术规程：

① 密度：行距采用宽行距，6m，株距 2~3m，密度 6m×2m 为 55 株 / 亩（832 株 /hm²），密度 6m×3m 为 37 株 / 亩（555 株 /hm²），这样就可以间作了。

② 多数引进的梨品种都能适应宁夏的条件，由于梨树开花早且一致，在早春花期容易遭受晚霜冻的危害，且目前没有价廉而有效的防御措施。

③ 苗木至少要有 3 条根，只有达到这种规格的苗木，栽植成活率和早期结果才能保证。

④ 苗木运输中应该加以保护以防失水，苗木到达农户地头后，必须告诉农民在栽植前假植保护，栽植前，苗木要泡水一夜。

⑤ 栽植坑挖成后要用好土和农家肥加以改良，栽植坑的大小至少 60cm×60cm×60cm，每个栽植坑应该施入 5kg 优质农家肥，如羊粪，另外还要加入 0.5kg 磷酸二铵。

⑥ 栽植后立即浇水，每个树坑至少 50kg 水，如果可能，浇水后立即覆膜。

⑦ 栽植后，建议进行修剪，修剪可以提高梨树的根冠比，有利于成活和及早生长，剪后，涂抹保护漆。

⑧ 根据整形目的进行夏季修剪和秋季修剪。

5. 桃树

庭院桃树主要关注鲜食用途，桃树容易种植，结果较早。

庭院桃树技术规程：

① 密度：行距采用宽行距，6m，株距 2~3m，密度 6m×2m 为 55 株 / 亩（832 株 /hm²），密度 6m×3m 为 37 株 / 亩（555 株 /hm²）这样就可以间作了。

② 多数引进的桃品种都能适应宁夏的条件，由于桃树开花早且一致，在早春花期容易遭受晚霜冻的危害。

③ 苗木至少要有 5 条根，只有达到这种规格的苗木，栽植成活率和早期结果才能保证。

④ 苗木运输中应该加以保护以防失水，苗木到达农户地头后，必须告诉农民在栽植前假植保护，栽植前，苗木要泡水一夜。

⑤ 栽植坑挖成后要用好土和农家肥加以改良，栽植坑的大小至少 60cm×60cm×60cm，每个栽植坑应该施入 5kg 优质农家肥，如羊粪，另外还要加入 0.5kg 磷酸二铵。

⑥ 栽植后立即浇水，每个树坑至少 50kg 水，如果可能，浇水后立即覆膜。

⑦ 栽植后，建议进行修剪，修剪可以提高桃树的根冠比，有利于成活和及早生长，剪后，涂抹保护漆。

⑧ 根据整形目的进行夏季修剪和秋季修剪。

6. 杏

庭院杏树主要关注鲜食用途，杏树容易种植，结果较早。

庭院杏树技术规程：

① 密度：行距采用宽行距，6m，株距 2~3m，密度 6m×2m 为 55 株 / 亩（832 株 /hm²），密度 6m×3m 为 37 株

/ 亩（555 株 /hm²），这样就可以间作了。

② 多数引进的杏品种都能适应宁夏的条件，由于杏树开花更早，在早春花期容易遭受晚霜冻的危害，只有小气候条件好的地点才能种植杏树。

③ 苗木至少要有 5 条根，只有达到这种规格的苗木，栽植成活率和早期结果才能保证。

④ 苗木运输中应该加以保护以防失水，苗木到达农户地头后，必须告诉农民在栽植前假植保护，栽植前，苗木要泡水一夜。

⑤ 栽植坑挖成后要用好土和农家肥加以改良，栽植坑的大小至少 60cm×60cm×60cm，每个栽植坑应该施入 5kg 优质农家肥，如羊粪，另外还要加入 0.5kg 磷酸二铵。

⑥ 栽植后立即浇水，每个树坑至少 50kg 水，如果可能，浇水后立即覆膜。

⑦ 栽植后，建议进行修剪，修剪可以提高杏树的根冠比，有利于成活和及早生长，剪后，涂抹保护漆。

⑧ 根据整形目的进行夏季修剪和秋季修剪。

技术规程小结

庭院果树技术规程小结见附表 3-17 和附表 3-18。

附表 3-17　庭院果树小结

种	品种	砧木	株行距 (m×m)	密度 （株/hm²）
枣	'灵武长红枣'、'中宁小枣'	酸枣或自根苗	6×3 10×3	555 333
葡萄	'大青'、'红提'、'里扎马特'、'玫瑰香'、'巨峰' 等	一般用自根苗	6×0.5 10×1	3330 1000
苹果	'红富士'、'金冠'、'红元帅'、'嘎啦' 等	种类较多，但不能使用山定子	6×2 6×3	832 555
梨	'砀山酥梨'、'早酥梨'、'库尔勒香梨' 等	杜梨	6×2 6×3	832 555
桃	'中油 4 号'、'春雪' 等	毛桃	6×2 6×3	832 555
杏	'凯特'、'金太阳' 等	山杏	6×2 6×3	832 555

附表 3-18　庭院果树技术规程小结（模式 E7）

种	栽前施肥	栽后浇水	栽后修剪	栽后夏季修剪
枣	0.5kg磷酸二铵	每株50kg	是	否
葡萄	0.5kg磷酸二铵	每株50kg	否	是
苹果	0.5kg磷酸二铵	每株50kg	是	是
梨	0.5kg磷酸二铵	每株50kg	是	是
桃	0.5kg磷酸二铵	每株50kg	是	是
杏	0.5kg磷酸二铵	每株50kg	是	是

投入

项目投入

● 参与式土地利用规划；

● 栽植材料：苗木；

● 监测与评估，培训，技术推广。

受益者投入

● 土地和劳动力、水、肥、农药、苗木押金；

● 参加培训，遵照项目指南。

附件 A　土地荒漠化综合治理项目建设模式汇总

1　草原植被恢复和可持续性管理类型

1.1　模式 R1——草原植被恢复 / 封育 (R1)

根据在参与式土地利用规划阶段开展的现场评估，在 3 年之内具有开展可持续性草原管理潜力的草原，即目前还需要继续禁牧 3 年。这类草原潜力的评估基础是：在 8 月，初始植被覆盖率在 50% 以上。如果必要，项目为牧民小组建设边界围栏，每个围栏格最小 200hm²。每农户最大面积 25hm²。

1.2　模式 R2——草原可持续性管理 (R2)

本模式由 (i) 已经达到草原可持续性管理 (R2) 标准和 (ii) 从草原植被恢复 / 封育 (R1) 上升到 R2 的两部分草原组成。这类草原潜力的评估基础是：在 8 月，初始植被覆盖率在 70% 以上。项目帮助牧民小组使围栏加密，每个围栏格最小 50hm²，以便根据严格的放牧规章制度开展季节性轮牧。每农户最大面积 25hm²。

1.3　模式 R3——灌木饲料生产 (R3)

这是可以在项目草原建设活动中开展补播补种的唯一模式，主要栽种柠条饲料灌木。目标是在立地条件好、成功机率大的小面积草原上建设饲料基地，以满足干旱年份的饲料应急和冬季舍饲。对立地条件的基本要求是土壤肥沃、地形平整、年均降水量 230mm 以上。对此不需要建设围栏。每农户最大面积 1hm²。

2　侵蚀控制 / 水土保持类型

2.1　模式 E1——以水土保持为目的的自然恢复 (E1)

本模式的立地条件是在 3 年之内或者整个项目期内不能达到可持续性管理水平的草原和林地，还包括离基础设施太近、容易遭受人为影响和放牧影响的地方。对此不需要建设围栏。只要能够保持或者改善现有植被就可以得到奖金。每农户最大面积 30hm²。（注：每农户 R1+R3+E1 总数的最大面积不得超过 30hm²。）

2.2　模式 E2——生态型沙丘植被恢复 (E2)

这是一个成本低、效果好的固沙模式，主要用于固定年均降水量大于 230mm、在快速蚕食农田或者草原的流动沙丘。主要技术措施是：前挡（乔木）、后拉（灌木）、分平顶。对此不需要建设围栏。每农户最大面积 2hm²。

2.3　模式 E3——草方格固沙 (E3)

这是一个成本高的固沙模式，包括扎设草方格。主要用于固定在威胁村庄基础设施的快速流动沙丘。对此不需要建设围栏。每农户最大面积 2hm²。

2.4　模式 E4——农田防护林 (E4)

这个项目建设模式由骨干防护林带、辅助防护林带、三级田间林带组成。主要用于保护新开发的水浇地。项目建设地点要求水源有保证。每农户最大面积：骨干防护林带和辅助防护林带 1hm²、三级田间林带 0.5hm²。

2.5　模式 E5——压砂地红枣种植 (E5)

在压砂地上栽植红枣或者枣瓜间作属于经济林建设范畴。对立地条件的要求是：水源有保障、土层深厚（壤土 1m 以上）、年均降水量 180mm 以上。每农户最大面积 2hm²。

2.6　模式 E6——旱地枣树 (E6)

在旱地上栽植红枣属于经济林建设范畴，安排在中宁县喊叫水乡。对立地条件的要求是：年均降水量 150mm 以上，紧急补水时水源有保障。每农户最大面积 0.6hm²。

注释：开展所有上述项目建设模式的前提条件是：土地权属清楚。

以上两大类技术模式需要在满足相应自然前提或管理措施下才能保证实施效果（见附表 A-1）。

附表 A-1　土地荒漠化综合治理项目建设模式描述和主要的技术前提条件

	模式	描述	主要的技术前提条件
		1. 草原植被恢复和可持续性管理类型	
R1	草原植被恢复/封育	封育3年；如果没有围栏，项目帮助农户建设边界围栏。	在3年内上升到草原可持续性管理（R2）的水平；8月植被覆盖率在50 %以上；每个围栏格最小3000亩。
R2	草原可持续性管理	草原可持续性管理；围栏加密；保持植被有奖励。	通过现场评估认为达到草原可持续性管理的水平；8月植被覆盖率在70 %以上；4个围栏格轮牧模式，每个围栏格最小750亩。
R3	灌木饲料生产	建设高质量的饲料基地，主要栽种柠条饲料灌木。	立地条件好成功机率大；土壤肥沃、地形平整（坡度小于15度）、年均降水量230mm以上。
		2. 侵蚀控制/水土保持类型	
E1	以水土保持为目的的自然恢复	在项目中封育；只要能够保持或者改善现有植被就可以得到奖金。	在3年之内或者整个项目期内不能达到可持续性管理水平的草原和林地，还包括离基础设施太近、容易遭受人为影响和放牧影响的地方。
E2	生态型沙丘植被恢复	成本低、效果好的固沙模式。	主要用于固定在快速蚕食农田或者草原的流动沙丘。
E3	草方格固沙	成本高的固沙模式，包括扎设草方格。	主要用于固定在威胁村庄基础设施的快速流动沙丘。
E4	农田防护林	由骨干防护林带、辅助防护林带、三级田间林带组成。	项目建设地点要求水源有保证。
E5	压砂地红枣种植	在压砂地上栽植红枣或者枣瓜间作属于经济林建设范畴。	水源有保障、土层深厚（壤土1m以上）、年均降水量180mm以上。
E6	旱地枣树	在旱地上栽植红枣属于经济林建设范畴。	年均降水量150mm以上、紧急补水时水源有保障。

附件 B　草原立地评估标准

草原分类和荒漠化综合治理模式的总体标准草案见下表（附表 B-1）。此标准为初步的标准，采用了不同生态区的植被类型大体平均值。标准的制定参照了宁夏草原站的监测数据，在今后的实地监测中，此标准将会得到不断的完善和修改，在项目监测与评估指南中还要深入讨论此标准。

附表 B-1　草原分类和荒漠化综合治理模式的总体标准

草原等级	V1~V2	V3	V4	
荒漠化程度	没有退化~轻度退化	中度退化	严重退化	
需休养年限	0~2 年	3~5 年	>5 年	
适合的治理模式	R1, R2	R1	E1	
标准				备注
植被盖度：早季（%）	>50	30~50	<30	
植被盖度：中季（%）	>75	50~75	<50	8月底
总产量（kg/hm²）	>600	300~600	<300	
家畜可食草产量（kg/hm²）	>300	150~300	<150	

第4章

沙区灌木青贮加工和利用技术模式

Producing Silage Fodder from Desert Shrubs

培训方案

培训内容概要

培训内容

（1）培训对象：针对旗县及乡镇技术员，也可以针对有意向从事灌木饲料加工的农牧民。

（2）培训目标：使学员了解防治荒漠化灌木综合利用的理念和理论知识，理解并掌握踏郎青贮饲料加工技术的特点、原理、难点和一般操作技巧。

（3）授课人员：国内外从事沙区灌木生产、平茬和青贮技术的专家学者和有实践经验的基层技术人员和项目管理。

（4）培训时间、方法和主要内容：见表4-1。

表 4-1　培训时间、方法和主要内容

时间	方式/方法	内　　容
第1天	室内：讲课、讨论、实际案例	● 介绍技术应用项目案例（中德合作内蒙古赤峰项目） ● 讲座：踏郎生长、栽植和平茬 ● 讨论 ● 讲座：青贮技术与畜牧业发展的关系 ● 讨论
第2天	室外：实地考察和技术示范（项目区）	● 现地考察踏郎和其他灌木的生长和生态状况 ● 讨论 ● 考察青贮技术应用和青贮窖构造 ● 讨论 ● 与项目技术人员及参与农牧民座谈 ● 讨论和总结

培训内容概要

　　防沙治沙是困扰我国的一项长期而艰巨的重要任务。以往实施的许多防沙治沙项目投入很大，却一般无法产生直接的经济效益。中德财政合作内蒙古赤峰市治沙造林项目在实施过程中总结出的"沙区灌木青贮加工和利用技术"，不仅促进了踏郎、柠条等灌木平茬复壮，巩固防风固沙效果，还通过生产青贮饲料，充分利用其富含的粗蛋白，喂养牛羊，既减轻了草场放牧压力，又节约了饲料成本。

　　沙区灌木青贮加工和利用技术分为平茬和青贮两个阶段。一是对人工种植或野生的灌木如踏郎进行定期平茬；二是将采割的灌木如踏郎枝条等加工青贮制成牛羊饲料。可以采用人工或机械割灌机来平茬采收踏郎枝条，再通过揉切机将其切割成长度为 1~1.5cm 的细颗粒，然后将切割成的颗粒与玉米秸秆混合，最后通过青贮发酵，制作成营养丰富、适口性良好的青贮饲料。从营养价值上来看，这种饲料富含粗蛋白等营养成分，有利于促进牛羊的生长。从生产成本上来说，青贮饲料的成本只有购买饲料的 1/3 左右。

　　这种生产成本低、营养成分高的青贮饲料不仅有利于畜牧业发展，也提高了灌木的经济价值，带动了当地农民种植和经营沙地固沙灌木的积极性，直接为荒漠化防治做出贡献，同时也可以促进当地劳动力向舍饲畜牧业转移，创造就业机会。而更重要的是，我国华北和西北有着广阔的沙化土地，踏郎、柠条等灌木是防风固沙和改善生态的主要树种，灌木资源丰富。这些地区也是主要的畜牧产区，该技术模式的应用具有十分广阔的前景。

　　当然需要看到，这项技术还比较新，广大农牧民对于该技术的认识还不够。为促进大范围应用与推广这项技术模式，建议政府或相关机构对农牧户提供购买割灌机、揉切机、建设青贮窖等方面的政策性支持和补贴。我国政府在经济高速发展的同时，越来越注重生态问题，近年来相继出台了一系列防沙治沙和草原生态保护和可持续利用政策。这些政策将有望使这项技术模式能够在更大范围内得到推广与应用。

Desertification and sandification control has been an important and hard task that has been troubling China for a long time now. Many projects in desertification control thus far implemented with huge investment had not yielded significant direct economic benefits. However, the Sino-German Cooperation Afforestation Project in Inner Mongolia developed a technical model called "Producing Silage Fodder from Desert Shrubs such as *Hedysarum* and *Caragana*" which has not only proved good for combating the effects of wind and desertification, but also produces feed by cutting sweetvetch, makes silage, decreases livestock production cost, and also reduces grazing pressure on the grasslands.

This model is comprised of two parts: cutting existing shrubs like *Caragana* or *Hedysarum* (wild or planted) regularly, and using silage to turn shrubs into a nutritious and tasty feed for cattle and sheep. Cutting can be done by hand or using machines to harvest the branches. The branches would then be shredded into pieces of 1-1.5 cm length with a shredder. The shredded pieces are blended with maize stalks and the mixture is then made to silage in silage pits. The silage feed is highly nutritious in protein and tasty, which can lower production cost by one-thirds in comparison with feed procured from the market.

This technical model which is producing highly nutritious feed at low costs can not only promote local livestock production, but also directly contribute to desertification control. Simultaneously, this technical innovation can generate labor to be used in the non-grazing animal husbandry. Furthermore, North and Northwest China has vast sandy and/or degraded lands which are suitable for planting shrub plantations of hedysarum and caragana. Thus, this model has a very bright prospect in its wider application.

It has to be noted that this technique is new and not yet accepted by farmers due to the high cost involved in harvesting the shrub and making it into a silage feed. In order to promote diffusion of this model to larger areas for contributing to desertification control, there is a need for support from the government and possibly other organizations, e.g. by way of support to farmers for buying cutting machines, shredders, and granting subsidies for silage pit construction. Considering that the Chinese government has issued a significant number of environmental policies to benefit the Chinese economy, these environmental policies will allow the model to be widely adopted in more parts of China.

4.1 沙区灌木青贮加工和利用技术模式来源

本模式来源于"中德财政合作内蒙古治沙造林项目"（以下简称"德援内蒙古赤峰项目"），项目实施地点在内蒙古赤峰市。赤峰市位于内蒙古东部，地理位置为东经 116°21′~120°59′，北纬 41°17′~45°24′，属温带半干旱大陆性季风气候区，是缓解京津地区沙尘暴危害的生态屏障，同时还是京、津、辽、吉等省份重要的水源涵养区。赤峰市地貌以山地高原、丘陵、沙地平原为主，沙地平原占 23.3%，德援内蒙古赤峰项目针对当地防沙治沙需求，近 10 年来在赤峰市共营造以踏郎（杨柴）、柠条等灌木为主要树种的防护林约 50 万亩，加上国家"京津风沙源治理工程"营造的 600 多万亩以灌木为主的防护林，形成了丰富的灌木资源。在德援内蒙古赤峰项目后期，为增强项目的可持续性，德方首席技术专家会同当地专家在共同考察调研，与广大农牧户座谈的基础上，将开发和推广灌木加工利用技术确定为项目可持续经营管理的重点活动。经过不懈探索，形成了一整套成熟的灌木青贮加工和利用技术。这项技术模式对于当地防沙治沙、舍饲畜牧业发展，具有现实而深远的意义。

4.1.1 模式针对的主要问题

本模式主要针对两个问题：一是解决土地沙化的问题，二是解决当地畜牧业发展中的饲草料缺乏问题。踏郎和柠条等灌木是赤峰地区以及华北、西北地区防风固沙的主要灌木树种，具有耐寒、耐旱、耐贫瘠、抗风沙的特点，适应性强，在干旱瘠薄的半固定、固定沙地上表现出良好的适生性，防风固沙效果显著。

灌木的生长特性是需要定期平茬复壮，否则就会枯萎和死亡，反而会降低防沙治沙的效果。但是，如果平茬不能产生经济效益或经济效益极低，就会增加植被管护的投入，挫伤农牧民种植和管护沙区灌木的积极性。德援内蒙古赤峰项目通过研发踏郎、柠条等青贮饲料加工技术，一方面增加了灌木平茬利用的经济收益，保护和激发了农牧民种植和管护固沙灌木的积极性，另一方面也为当地畜牧业发展提供了饲草料补充，满足了市场需求，促进了舍饲畜牧业发展，减轻羊只对于草场的压力。本模式的形成实现了种植灌木治沙—定期平茬复壮—青贮饲料加工—舍饲畜牧业发展—草场压力减轻—治沙效果提高的良性循环，巩固了防沙治沙成果，增强防沙治沙的成效，也有效预防沙化和荒漠化的产生。因此，这一技术模式具有环境友好和促进经济发展的双重作用。

4.1.2　模式应用范围

这套技术模式适用于有天然灌木分布或气候条件适宜灌木栽植的干旱、半干旱地区，特别是受到荒漠化威胁的草场和荒山荒坡。从地理范围来看，内蒙古、宁夏、甘肃、新疆等广大的西部地区原则上都可以应用这一模式。这一模式具有改善生态和促进畜牧业经济发展的双重优势，国家现行的有关草场保护、生态环境补偿的政策等也都有利于这一模式的应用，应用前景广阔。

4.2　沙区灌木青贮加工和利用技术模式的主要内容

4.2.1　模式主要技术特点

畜牧业的饲草料，是通过加工天然或人工种植的一年或多年生饲草料植物而获得的。在天然草地生产力不足，难以满足畜牧业发展需求的情况下，德援内蒙古赤峰项目所采取的灌木饲料生产方法，无论是对减轻草地压力，缓解草畜矛盾，还是促进生态恢复，提高治沙效果都是非常必要的。本模式的特点主要表现为两点：一是充分利用沙区灌木资源和干旱、半干旱的气候及土壤条件，来生产可供利用的踏郎、柠条等灌木；二是通过简单易行的青贮方法对灌木进行加工，为畜牧业特别是舍饲养羊补充部分饲草料。

根据德援内蒙古赤峰项目的总结，本模式有如下技术优势：

- 充分利用沙区灌木资源；
- 建设项目投资少、见效快；
- 施工简便，农牧民易于掌握；
- 设备简单，投资低，操作简单；
- 饲喂牲畜适口性好，饲喂剩余残渣少；
- 沙区灌木资源丰富，应用前景广阔；
- 经济效益显著，具有推广价值。

4.2.2　模式主要内容

4.2.2.1　踏郎的生物学特性及栽植繁育

这里以德援内蒙赤峰项目中踏朗加工利用为例介绍其生物学特性。踏郎（羊柴、山珠子），正名为蒙古岩黄芪，属于豆科植物，多年生、沙生、旱生半灌木。分布于我国内蒙古中北部草原化荒漠地带，其地理范围约为北纬 42°~45°，东经 108°~114°。

踏郎 4 月返青，7~8 月开花，9 月底种子成熟。株高 1.5m 左右，枝丛生，老枝表皮暗灰黄色，常呈条状剥落。典型小叶椭圆形，植株上部的小叶长 4~7mm，宽 2~3mm，下部的小叶长 8~15mm，宽 4~6mm。花冠蝶形，紫红色；子房及荚果均被伏毛，荚节略膨胀自中部突起，具网状脉纹，有的荚节具疣状突起。

踏郎通常生长在草原化荒漠地带的层状高平原阶地斜坡的冲刷沟边缘、坡前冲积扇的砾质砂地、阶地沙坡以及盆地边缘的相似地带，也出现在沙地上。踏郎具有耐旱、耐贫瘠、抗风蚀的特点。内蒙古赤峰市的天然踏朗见图 4-1（彩版）。

踏郎有多种繁殖方式，可以用种子繁殖，也可以用茎枝扦插、分株移栽或压条等方法进行无性繁殖。踏郎种子硬实率较高，播前应该先去荚，再用温水浸种、擦破种皮或者用浓硫酸处理等，以提高种子发芽率。踏郎可以在早春顶凌抢种，或者在夏天雨季播种，可以条播、撒播或者点播，条播行距为40~50cm，播深2cm左右，每亩播种量为1~2kg。如果在沙地上撒播，播种后赶羊群适度踩踏，可以增加出苗率，如出苗长势良好，当年株高可达40~50cm，丛径30~40cm，进入分枝状态；第二年开花结籽，株高可达100~150cm，并且产生根状茎，直接萌发出无性系植株，产草量可显著提高。德援内蒙古赤峰项目区种植的踏郎以及柠条见图4-2和图4-3（彩版）。

图 4-1　内蒙古赤峰市天然踏郎　　　图 4-2　德援内蒙古赤峰项目种植的踏郎　　　图 4-3　德援内蒙古赤峰项目区踏郎与柠条混交

4.2.2.2　踏郎营养成分

德援内蒙古赤峰项目选择位于内蒙古赤峰市的封育、飞播和乔灌混交林抽样进行灌木营养成分分析，以踏郎为主，对比其他饲草料（如干草和玉米秸秆），主要分析粗蛋白含量、粗纤维及可消化能量。项目同时还针对踏郎在不同生长时期、不同样本条件下的营养成分进行了化验。分析结果表明，当地主要沙区灌木如踏郎与柠条的营养价值很高，从可消化能量看，主要灌木与干草和玉米秸秆差不多，而在粗蛋白含量上要远远高于干草和玉米秸秆，特别是踏郎其粗蛋白含量约为干草的近2倍。另外，踏郎的粗蛋白含量以营养期和开花期较高，而在花果期则有明显的下降。因此，踏郎的平茬最好在开花期比较合适，此时的生物量较大同时粗蛋白含量还处于较高的水平上（如表4-2和表4-3所示）。

通过以上对比分析可以看出，踏郎属于优良的牲畜饲养灌木。从踏郎的适口性来讲，各种家畜中以骆驼最喜食用，四季均采食其茎叶；绵羊、山羊也喜欢食用其嫩枝叶及花序；牛、马喜欢采食其嫩枝。为了提高踏郎饲料的质量和利用率，调节牧草饲料在生产中的季节性差异、年度丰歉差异，可以通过踏郎青贮饲料加工和制作干草，达到均衡供应优质牧草饲料的目的。

表 4-2　踏郎与其他主要饲草料营养分析表

种类	粗蛋白（%）	纤维（%）	可消化能量（MJ/kg）
干草	7.6	71.9	12.2
玉米秸秆	4.0	71.6	10.6
杨树叶	9.2	42.4	11.8
柠条	10.6	67.9	11.1
踏郎	13.5	38.3	11.5

数据来源：德援内蒙古赤峰项目咨询专家李青峰调研报告，2006 年。

表 4-3　踏郎的营养价值　　　　　　　　　　　　　　　　　%

生育期	状态	干物质	粗蛋白	粗脂肪	粗纤维	无氮浸出物	粗灰分	钙	磷
营养期	绝干	100.0	16.3	3.8	25.0	47.0	7.9	1.18	0.35
	鲜样	22.0	3.6	0.8	5.5	10.4	1.7	0.26	0.08
	风干	87.0	14.2	3.3	21.8	40.8	6.9	1.03	0.30
开花期	绝干	100.0	15.1	2.9	34.2	42.1	5.7	0.59	0.47
	鲜样	22.0	3.3	0.6	7.5	9.4	1.2	0.13	0.10
	风干	87.0	13.1	2.5	29.8	36.7	4.9	0.51	0.41
花果期	绝干	100.0	12.4	2.2	37.6	42.7	5.1	0.61	0.35
	鲜样	22.0	2.7	0.5	8.3	9.4	1.1	0.13	0.08
	风干	87.0	10.8	1.9	32.7	37.2	4.4	0.53	0.30

数据来源：德援内蒙古赤峰项目咨询专家张勇《项目终期评估分析报告》，2006 年。

4.2.2.3　青贮设备、建窖规格和样式

（1）青贮设备

① 割灌机型号：建议用小松 BC-3410（可换打草和割灌头分别使用），市场价格大约为 3000 元 / 台（图 4-4）。割灌机使用汽、机油混合发动机。根据德援内蒙古赤峰项目实践，此种割灌机每小时能够割灌 0.8~1.2 亩，收获 350kg 踏郎或其他类似灌木，大约消耗 1~1.3L 汽油。按当前每升汽油 8 元计算，用割灌机收获每千克踏郎或其他灌木的直接生产成本大约为 0.19~0.22 元（包括运输费用）。

图 4-4　割灌机

② 揉切机型号：长明 9RZF-40（可用于粮食加工和灌木切揉），市场价格为 4000~4500 元 / 台（图 4-5）。

（2）建窖规格和样式

青贮窖样式和规格：青贮窖通常分为地下式、半地下式或地上式 3 种（图 4-6，图 4-7）。在地势低平、地下水位较高的地方，地下式容易积水，建议选择地上式或半地下式。一般选择采用砖混结构建造长方形青贮窖（图 4-6），容积可根据牲畜饲养头数来确定。

图 4-5　揉切机

图 4-6　半地下式青贮窖（以砖和水泥为材料建筑）

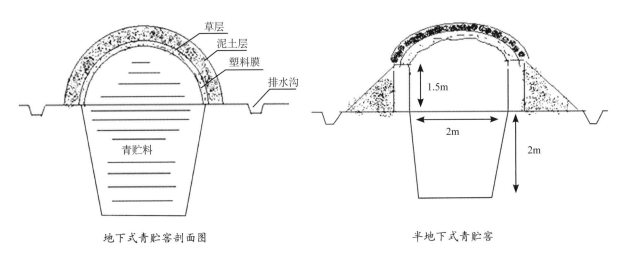

图 4-7　地下式和半地下式青贮窖示意图

4.2.2.4　踏郎平茬年限和方式

踏郎在栽植后第 2~3 年就可以进行带状或块状平茬利用，以后每 2 年重复 1 次，可以促进天然更新。留茬高度一般距地面 3~5cm，通常每年的 9~10 月，最好落种后进行。如果不及时平茬，踏郎长势会逐渐变弱，4~6 年后自然死亡。

4.2.2.5　青贮过程及方法

（1）适时平茬采割

优良青贮原料是调制优良青贮饲料的物质基础。青贮饲料的营养价值，除了与原料的种类和品种有关外，还与采割时间有关。适时采割是保证成功制作高质量青贮饲料的前提条件。一般早期采割、营养价值较高，但采割过早会引起单位面积营养物质收获量较低，同时易引起青贮饲料发酵品质的降低。因此，依据牧草种类，在适宜的生育期内采割，不但可获得最高的单位面积可消化营养物质总量，而且不会大幅度降低蛋白质含量和纤维素含量。采割过晚则易引起可消化营养物质和采食量的下降。在结实期，干物质采食量只保持早期采割的 75%，而其可消化营养物质和可消化粗蛋白的总量分别只有早期的 46% 和 28%。

一般情况下，灌木造林 2~3 年后可以进行采割。踏郎适合在花期采割，这一时期可溶性碳水化合物含量较高，有利于乳酸发酵和制成优质青贮，在内蒙古赤峰市，踏郎的适割期在 8~9 月。采割方法有两种，用割灌机或人工采条，宜采割较嫩枝条，以带状或块状割取踏郎等灌木。采割条高应在 0.7~1.2m 之间，一般来说每亩可采条 400kg 左右。德援内蒙古赤峰项目试验示范了用割灌机进行采割，采割速度很快，效率很高（图4-8）。

图 4-8　项目示范用割灌机进行采割

（2）运输和揉切

在田间采条采割完成后，应于当天运输到青贮窖旁，一般用拖拉机进行运输，这样可尽量避免灌木踏郎采收枝条中的水分散失过多。在青贮窖附近，可用灌木揉切机加工。揉切机的作用是把收获的踏郎或其他灌木揉切，并切成 1~5cm 长的灌木碎块。青贮前将原料切短、揉切的目的是：

● 便于压实、排净物料中间的空气；

● 增加菌种剂和物料的接触面积，有利于菌种迅速繁殖；

● 使原料中的汁液充分渗出，湿润原料表面，有利于发酵剂中的微生物迅速生长，提高青贮的质量。

原料揉切的程度应根据饲喂家畜的种类、原料的品质来确定。一般含水量大的青绿原料和饲喂大牲畜的草料可以切得长些，含水量小的，质地比较坚硬的原料可以切得细些，或打成细粉。德援内蒙古赤峰项目探索踏郎试验示范的初步经验是以饲养的牲畜种类来确定踏郎揉切的长度：一般饲养牛、马等大型牲畜的草料，揉切长度 3~5cm；饲养羊等小型牲畜，揉切长度 1~2cm 比较合适（图 4-9）。

在揉切灌木如踏郎的同时，还需要揉切加工玉米秸秆（以充分利用当地的玉米秸秆资源来制作更多的青贮饲料），项目试验示范，将踏郎和玉米秸秆揉切后，按照 1:2~1:3 的比例混合，注意一定要混合均匀。

图 4-9　项目示范用揉切机进行踏郎揉切（左）和揉切后的灌木（右）

（3）水分调节

在完成灌木揉切后，青贮原料只有在合适的含水率时，才能保证获得良好的发酵效果，并减少干物质损失和营养物质损失。一般来说，青贮原料含水率以 50%~70% 为宜，以 65% 为最佳，若含水率不足可适量添加水分。

对于青贮原料的含水量，通常可以采用以下的简便方法快速判定含水率：首先抓一把踏郎和玉米秸秆混合物样品，在手里攥紧 1min 后松开，若能挤出汁水，则含水率大于 75%；如果草球能保持其形状但无汁水挤出，则含水率为 70%~75%；草球有弹性且慢慢散开，则含水率为 55%~65%；草球立即散开，则含水率为 55% 左右或更低。

（4）装填和压实

青贮之前，应将青贮窖清理干净，容器底可铺一层 10~15cm 厚切段的秸秆或软草，以便吸收青贮汁液。窖壁四周衬一层塑料薄膜，以加强密封和防止漏气渗水。然后，把揉切的灌木和玉米秸秆混合物迅速地装填到青贮窖中，要当天装满，当天封窖，避免混合物在装满密封前腐败变质。装填时应边切边填，逐层装入，每层 15~20cm 厚，踩实后继续装填，注意四角和靠壁部位要踩实。小型青贮容器可使用人力踩踏，大型青贮容器则可驾驶履带式拖拉机来压实后密封。在装满青贮料的青贮窖上用较厚的塑料布进行密封，同时在塑料布上加盖一层 30cm 厚的土层，这样能够加强密封效果。同时，德援内蒙古赤峰项目还示范在密封好的青贮窖上搭建一个简易房顶，用来防止雨水渗入到青贮窖中影响青贮效果（图 4-10）。

图 4-10　项目示范的青贮窖（装填压实后密封）

（5）青贮时间及喂养牲畜

在赤峰，密封后的青贮窖于 9 月下旬至 11 月下旬（气温 0~20℃ 左右）封窖，一般需要 40~50 天即可完成发酵过程，然后就可以利用青贮饲料来饲喂牲畜了。优质的青贮饲料颜色应为棕褐色，有轻微酸甜味道，用手攥时应松散柔软，不粘手。在霜降、立冬以后可以随取随喂。取料方法：从一端启用开窖，先挖开 1~1.5m 长的口子，从上向下，逐层取用，一段饲料喂完后，再开下一段，取后盖好封口。只要对青贮窖管理和使用得当，青贮饲料可以保存一年以上且基本保持质量不变。

需要注意的是，青贮饲料虽好，但因其含有机酸等物质比较多，不可过量饲喂。一般家畜按每 100kg 的体重每日青贮饲料饲喂量不应超过 4kg。青贮饲料在空气中容易变质，所以一经取出应尽快饲喂。食槽中没有吃完的剩余料要及时清除，避免腐败。通常来说，饲喂青贮饲料需要与羊草等搭配起来使用，一般早晨喂青贮饲料，晚上喂羊草等。

（6）青贮饲料加工利用中应注意的其他事项

● 尽量缩短铡装的时间，减少氧化产热的程度。青贮时应该做到随铡随装，每窖铡装过程最好不要超过半天。

● 踩踏一定要结实。一是要尽量切短秸秆，二是要重踩重压，最好采用机械切碎与重压。

● 青贮料要保持干净，切忌混有泥土。

● 青贮窖顶应呈凸圆形，上面不能堆放各种柴草，以防止老鼠停留打洞。发现青贮窖有自然下沉现象或出现裂纹，应及时添加封土，以防止进水、进气、进老鼠，影响青贮的质量。

4.3　模式实施步骤

4.3.1　实施流程图

下面以德援内蒙古赤峰项目的探索和实践为例，说明本模式的具体实施步骤：

首先制订灌木踏郎或柠条等栽植和采割青贮利用计划；其次是在采割季节组织农牧民进行采收加工，包括采割、运输、加工（包括揉切和与玉米秸秆混合）；然后安排装窖的工作，包括装填压实、密封覆盖、发酵；最后在合适的时机开窖取料、喂养牲畜。整个过程如图 4-11 所示。

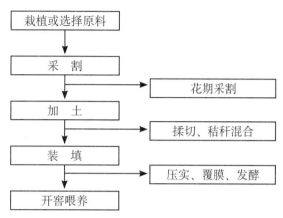

图 4-11 踏郎平茬青贮技术模式流程图

4.3.2 选择沙区、制定支持政策、制订具体计划

通常情况下，应该根据当地情况选择沙区灌木资源丰富的地区，特别是踏郎天然生长比较多或适合栽植的地区进行规划。原则是要有一定的土地规模且最好成方连片。还要对当地的农牧民进行参与式的走访调研，一是宣传沙区灌木青贮养羊技术模式和相关政策，二是了解农牧民对于踏郎等灌木栽植、加工、青贮利用养羊的意愿。如果这两个条件都能够满足，就可以制订计划。

计划应包括覆盖面积和范围，具体到县、乡（镇）、村参与农户个数，并选择好踏郎天然生长区域（必须是农户有土地使用权或村、嘎查集体使用权明晰的土地）或适合栽植踏郎、柠条等灌木的区域，并确定面积。

德援内蒙古赤峰项目灌木青贮饲料加工利用试验示范是利用项目剩余资金，在恢复较好的人工封育、飞播造林、固沙林和一些乔灌结合的项目区内，有计划地进行的灌木加工利用，其目的是通过试验示范，开发利用灌木资源，延长灌木寿命，解决一些项目区牛羊饲料缺乏（如因禁牧导致）的问题，同时，提高项目区农牧民的经济收入，缓解草场压力、防止草场退化，并为项目可持续经营提供典范。项目区灌木加工利用共涉及 3 个旗区 89 户农牧民，青贮窖每平方米由德援项目补贴 80 元，占总投资的 75%。试验用手持割灌机以及揉切机也由德援项目无偿提供给农牧户。德援内蒙古赤峰项目示范的具体做法见本章附件 1 和附件 2。

4.3.3 利用天然或栽植灌木

对于灌木资源丰富的沙区，可直接利用当地天然生长的灌木原料（如踏郎），也可以在稀疏地带进行补充性栽植以提高其产量。如果当地缺少大面积的灌木，但试验表明适合人工栽植生长的条件下，也可以通过人工栽植来建立沙区灌木资源基地，以实现防沙治沙和促进当地畜牧业发展的目的。

德援内蒙古赤峰项目实施 10 年来，共培育可供加工利用的灌木 50 多万亩。此外，赤峰全市范围内还有京津风沙源等工程栽植的灌木林 600 多万亩。灌木饲料加工利用试验示范工作主要在德援内蒙古赤峰项目区内以畜牧业发展为主的巴林右旗、翁牛特旗、敖汉旗等旗县开展，选取距项目地块较近的乡镇村庄进行示范。

项目栽植灌木踏郎的技术要点包括：

- 栽植网格：长 5m，宽 4m；
- 栽植密度：条材株距 5~8cm；
- 栽植季节：春季、秋末或冬初在沙地上冻之前；
- 栽植时间：无风沙危害可以在 4 月中旬至 5 月末造林，风沙危害的区域可以在 9 月中旬，最晚 10 月初；
- 栽植方式：挖栽植沟，宽 30cm、深 60~80cm（插条栽植深 60~80cm，栽植苗木深 20~30cm），苗材株距 25cm；
- 土壤、气候条件：半固定沙地较为适宜、流动沙地需要深埋，没有气候限制，只要化冻就可以栽植；苗木穴状 20~30cm，不需浇水，主要是枝条与苗木，条材成本高，苗木成本低（如果栽植灌木踏郎以采割加工青贮利用为目的，还需要加大栽植密度，才能保证采割产量）。

人工栽植沙区灌木后的田间管理措施，主要是栽植后第一年、第二年进行围封防畜和抚育。组织方式是在德援内蒙古赤峰项目中，踏郎等灌木的栽植属于荒漠化防治项目活动，由农户与项目办签订造林合同（包括整地、栽植等），由项目提供种苗，农户按项目设计的技术要求（如密度等）进行田间栽植。本模式的进一步示范和推广过程中，可考虑由项目（政府支持项目或其他援助性或投资性项目）与参与农户签订具体协议，并提供一定的现金或材料补贴，由参与的农户根据项目统一要求进行栽植，并开展相应的田间管理如围栏和抚育活动。

4.3.4 建设青贮窖

德援内蒙古赤峰项目建设青贮窖以农牧户为单位，由农民根据项目的具体设计要求开展建造工作，窖的容积大小根据农牧户饲养的牛羊头数确定，青贮窖容积一般为 50~60m³。项目组织专家对青贮窖进行验收，验收合格后，向农牧户发放补助，每立方米无偿补助 80 元。该补助额度基本上可以覆盖建窖费用的 80%。

4.3.5 采割、运输、青贮加工及利用

从采割到运输、开展青贮加工一直到最后利用青贮饲料饲喂牲畜如牛羊这个过程的技术要领和注意点全都包括在前文的"4.2.2 模式主要内容"中，供参考。

4.3.6 组织管理和投资

德援内蒙古赤峰项目主要采用了以下组织管理和投资形式：

- 由市、旗县区项目管理办公室负责项目实施；
- 在充分调研的基础上，编制建设与施工方案；
- 每年 5~8 月组织参与项目农牧户建青贮窖；
- 由项目办组织相关专家对建设好的青贮窖进行验收，评判是否按设计标准和要求施工，施工质量是否合格等；合格后发放项目补贴，如果不合格，请参与农牧户维修完善或返工重建，直到合格为止；

- 资金投入分为德援内蒙古赤峰项目资金、地方配套和农户自筹，前两者以补贴形式发放；青贮窖的项目补贴资金和地方配套补贴在验收合格后向农民发放；
- 割灌机和揉切机设备由德援内蒙古赤峰项目资金购买，免费向参与农牧户提供；
- 青贮过程中，由市、旗、县、区项目办技术人员现地指导采条、加工与贮存；
- 项目办组织人员不定期深入用户调查饲喂情况；
- 总结经验教训，不断改进措施。

2008—2010 年，德援内蒙古赤峰项目共资助建造青贮窖 74 个，利用项目培育的大面积灌木踏郎、柠条等进行采割、青贮加工利用，共生产青贮饲料约 5700m³，购置割灌机 45 台、揉切机 33 台，免费提供给 89 个示范农牧户。

4.4　模式成本和效益

4.4.1　成本

① 采条劳力成本：人工每天割 1~2 亩（按 1.5 亩计），每亩产量约为 400kg，每个工日劳动力费用按 60~100 元计算（按平均 85 元计），人工采收灌木的劳动力成本是 0.14 元 /kg；割灌机每天采割 7~10 亩。

② 运输成本：在沙区拖拉机每车可运输 700kg，每千克成本 0.06~0.1 元（按 0.08 元计）。

③ 加工成本：每千克 0.04~0.08 元（按 0.06 元计），包括人工、电费、塑料膜、盖土等（不包括割灌机、揉切机等设备和青贮窖成本）。

按照人工采割天然灌木、拖拉机运输以及利用青贮窖进行加工利用制作青贮饲料，在不计算割灌机、揉切机和青贮窖本身成本情况下，累加上述三项的成本是，生产每千克青贮饲料需要费用 0.28 元（表 4-4）。如果是人工栽植灌木，还需计入栽植费用、种苗或种子费用以及栽植后的田间管理费用，则青贮料的成本还会再高一些。

表 4-4　灌木采收到青贮加工过程中劳力和材料成本

类别	采收劳力成本	运输成本	加工成本	合计
成本（元/kg）	0.14	0.08	0.06	0.28

注：此处不计割灌机、揉切机和青贮窖的成本。

4.4.2　效益

① 按照灌木踏郎青贮饲料平均每千克成本 0.28 元（按 0.3 元 /kg 计）、当地羊草（干草）价格为 0.8~1.2 元（按 1 元 /kg 计）。使用本模式中的灌木踏郎青贮技术饲养牛羊，可以节省饲料成本 0.7 元 /kg。

② 如果按照枝条采收方式，则每亩能够采收灌木踏郎产量为 400kg，按以上羊草和灌木踏郎成本差价 0.7 元 /kg 计算，每亩能够增收 280 元。

③ 如果按照带状切割灌木，则每亩能够切割灌木踏郎 200kg，按羊草和灌木踏郎成本差价 0.7 元 /kg 计算，能够每亩增收 140 元。

④ 德援内蒙古赤峰项目 2001—2010 年在赤峰市共营造灌木林近 52 万亩，按照每亩收入 140 元（保守的按带状切割采收来计算），理论上可以产生收益 7280 万元，每隔 3~5 年平茬一次。

⑤ 青贮饲料喂羊：一般饲喂量为每只成年羊 2~4kg/ 天。所以理论上每亩可以供应 100~200

个羊单位(当然,除了饲喂青贮饲料外,还需要辅以其他饲草料才能满足羊只的饲料营养需求)。

4.5 模式推广前景

在德援内蒙古赤峰项目试验示范后,利用沙区灌木生产青贮饲料技术模式已逐渐被当地林业和畜牧项目区认可和采用。由于该项技术简单实用,且兼有防沙治沙和促进舍饲畜牧业发展的双重作用,符合国家的相关政策,因此具有较高的经济、生态和社会效益,可在其他条件类似的地区大面积地推广应用,推广前景十分广阔。

参考文献

高卫华,冀利彪.1996.内蒙古西部五种沙生植物营养成分分析 [J].内蒙古农牧学院学报(1).

左忠,张浩,王峰,等.2005.柠条饲料加工利用技术研究 [J].草业科学(3).

马文智,赵丽莉,姚爱兴.2004.柠条饲用价值及其加工利用研究进展 [J].农业科学研究(4).

褚万丈,庞占武,杨彦军.2007.怎样做好柠条青贮饲料 [J].中国牛业科学,33(4).

王杏龙,王军,吴恒永,等.2012.青贮饲料的制作和利用技术 [J].上海畜牧兽医通讯(5).

张大柱,旗凤山,邢旗,等.2010.舍饲羊饲喂加工柠条的试验.畜牧与饲料科学(6).

刘金南,周宏平,张慧春,等.2014.沙生灌木机械化平茬现状及发展探讨.农机化研究(9).

附件　内蒙古敖润苏莫苏木及荷也勿苏治沙林场灌木饲料加工利用方案

附件 1　敖润苏莫苏木德援项目灌木饲料加工利用设计方案

一、基本情况

敖润苏莫苏木位于赤峰市敖汉旗东北部,总经营面积 57.6 万亩,其中有林地面积 331534 亩,灌木林地 327000 亩,全敖润苏莫苏木共有 4800 人口。

敖润苏莫苏木是德援项目主要封育区之一,封育总面积 41570 亩,项目区植被主要以踏郎为主,覆盖面积达 10000 亩,占项目区总面积的 24%,年亩产饲草可达 200kg,按 4 万亩计算,项目区年产饲草共计可达 800 万 kg 以上。由于采取封育保护和禁牧措施,致使敖润苏莫苏木区域载畜力大大提高,仅牛羊存栏总数已超过 5000 头(只)。因此,实施灌木饲料加工利用来解决项目区牛羊舍饲和禁牧问题势在必行。

二、建设内容和方法

(1)建设内容:建青贮窖 16 处,合计 350m³。具体位置:15 处集中在海布日嘎嘎查海中场,共 300m³,另一处在金权房后 50m³(附表 1-1)。所需机械设备:割灌机 2 台。

(2)方法:青贮窖采取砖石结构,窖底用砂石铺垫,混凝土衬实,素灰抹平;四周采用浆砌体,最后用素灰抹平。

附表 1-1　青贮窖所在点 GPS 坐标

序号	坐标		面积(m³)
	北纬	东经	
1	42°54′59.9″	120°01′13.4″	20
2	42°55′01.6″	120°01′12.9″	20
3	42°55′01.1″	120°01′10.7″	20
4	42°54′59.9″	120°01.0′9.5″	20
5	42°54′59.1″	120°01′07.2″	20
6	42°54′58.6″	120°01′05.5″	20
7	42°54′57.4″	120°01′06.5″	20
8	42°54′56.3″	120°01′07.6″	20
9	42°54′56.6″	120°01′09.5″	20
10	42°54′56.2″	120°01′11.5″	20
11	42°54′56.2″	120°01′13.6″	20
12	42°54′55.6″	120°01′15.5″	20
13	42°54′56.5″	120°01′17.3″	20
14	42°54′58.1″	120°01′17.5″	20
15	42°55′00.1″	120°01′16.8″	20
16	42°55′07.6″	120°01′35.9″	50
合计			350

注释:第 1 到第 15 处小地名:海中条场子;第 16 处小地名:金权房后。

三、投资概算

完成此项工程 3 个年度总投资 14431650 元。其中：2008 年投资 4830850 元，2009 年投资 4800400 元，2010 年投资 4800400 元（附表 1-2）。

附表 1-2　投资概算表

项　目	数量	单位	单价（元）	投资总额（元）	年度投资（元）		
					2008年	2009年	2010年
青贮窖	350	m³	75	26250	26250		
割灌机	2	台	2100	4200	4200		
饲草	240万	kg	0.6	1440000	4800000	4800000	4800000
机器维修保养				1200	400	400	400
合计				14431650	4830850	4800400	4800400

四、效益分析

● 生态效益分析：通过实施灌木饲料加工利用，采取平茬复壮措施，可有效地加大抚育力度，提高灌木资源的再生能力，发挥更大的生态效益。

● 社会效益分析：通过实施灌木饲料加工利用项目，使灌木长势大幅度增强，提高了群众参与项目的积极性，解决舍饲禁牧问题，促进项目的可持续性发展。同时，通过此项目实施，可解决部分劳动力再就业问题，增加了当地群众的经济收入，使群众真正认识到德援项目是一项扶贫富民工程。

● 经济效益分析：灌木饲料加工利用项目完成后，年青贮饲草 800 万 kg，按当地饲养牲畜品种，寒羊日平均用草量 5kg，按 4 个月一个育肥周期，每只寒羊用草量为 600kg。项目区年饲草量可以供应 13400 只育肥羊消耗。每只寒羊出栏均按 50kg，每千克按 12 元计算，每只收入 600 元，13400 只寒羊年收入为 804 万元。3 年总收入为 2412 万元。3 年投入资金为 14431650 元，纯收入为 9688350 元，其中 2008 年收入 3209650 元，2009 年收入 3239600 元，2010 年收入 3239600 元。

五、保障措施

● 敖润苏莫苏木成立德援项目灌木饲料加工利用领导小组，监督管理各个环节的具体落实。

● 成立专门的抚育队伍，及时进行平茬复壮工作，有计划、按步骤进行作业。

● 学习先进技术，提高科技含量，改进传统的饲料青贮模式。

● 坚持集中管理，分户经营的原则，采取经济扶持和政策倾斜，使经营者充分认识德援项目并从中受益。

附件 2　荷也勿苏治沙林场德援项目灌木饲料加工利用设计方案

一、基本情况

荷也勿苏治沙林场位于赤峰市敖汉旗东北部，总经营面积 42800 亩，其中有林地面积 4370 亩，灌木林地 38000 亩，苗圃用地 430 亩，全场总人口 90 人，现有职工 24 人，其中高级工程师 1 人，工程师 1 人，高级技师 10 人，中级技师 12 人。

该林场是德援项目主要封育区之一，封育总面积 19680 亩，项目区植被主要以踏郎为主，覆盖面积达 15800 亩，占项目区总面积的 4/5，亩年产饲草可达 200kg，项目区年产饲草 400 万 kg 以上。由于采取封育保护和禁牧措施，致使周边区域载畜力大大提高，仅牛羊存栏总数已超过 10000 头（只）。因此，实施灌木饲料加工利用来解决项目区牛羊饲草问题势在必行。

二、建设内容和方法

（1）建设内容：建青贮窖两处，合计 150m³。具体位置：一处在关家甸子，60m³；另一处在场部东侧，90m³（附表 2-1）。所需机械设备：割灌机 2 台，揉切机 1 台。

（2）方法：青贮窖采取砖石结构，窖底用砂石铺垫，混凝土衬实，素灰抹平；四周采用浆砌体，最后用素灰抹平。

（3）建设期限：2008—2010 年。

附表 2-1　青贮窖地点及其坐标

青贮窖地点	坐标	
	北纬	东经
关家甸子	42°32′48.34″	119°58′26.67″
场 部 东	42°47′03.6″	120°17′40.4″

三、投资概算

完成此项工程 3 个年度总投资 724.52 万元。其中 2008 年投资 243.32 万元，2009 年投资 240.4 万元，2010 年投资 240.8 万元（附表 2-2）。

附表 2-2　投资概算表

项　目	数量	单位	单价（元/单位）	投资总额（元）	年度投资（元）		
					2008年	2009年	2010年
青贮窖	150	m³	100	15000	15000		
割灌机	2	台	2100	4200	4200		
揉切机	1	台	12000	12000	12000		
饲草	12000000	kg	0.6	7200000	2400000	2400000	2400000
机器维修保养				14000	2000	4000	8000
合计				7245200	2433200	2404000	2408000

四、效益分析

- 生态效益分析：通过实施灌木饲料加工利用，采取平茬复壮措施，可有效地加大抚育力度，提高灌木资源的再生能力，发挥更大的生态效益。
- 社会效益分析：通过实施灌木饲料加工利用项目，使灌木长势大幅度增强，提高了群众参与项目的积极性，促进项目的可持续性发展。同时，通过此项目实施，可解决部分劳动力再就业问题，增加了当地群众的经济收入，使群众真正认识到德援项目是一项扶贫富民工程。
- 经济效益分析：灌木饲料林加工利用项目完成后，年青贮饲草400万kg，按当地饲养牲畜品种，寒羊日平均用草量5kg，按4个月一个育肥周期，每只寒羊用草量为600kg。项目区年饲草量可以供应6700只育肥羊消耗。每只寒羊出栏均按50kg，每千克按10元计算，6700只寒羊年收入为335万元。3年总收入是1005万元。3年投入成本为724.52万元，纯收入为280.48万元，其中2008年收入91.68万元，2009年收入94.6万元，2010年收入94.2万元。

五、保障措施

- 林场成立德援项目灌木饲料加工利用领导小组，监督管理各个环节的具体落实。
- 成立专门的抚育队伍，及时进行平茬复壮工作，有计划、按步骤进行作业。
- 学习先进技术，提高科技含量，改进传统的饲料青贮模式。
- 坚持集中管理，分户经营的原则，采取经济扶持和政策倾斜，使经营者充分认识德援项目并从中受益。

第5章

近自然森林经营规划与经营模式

Close to Nature Sustainable Forest Planning and Management

（1）培训对象：省、市、县、乡镇等各级林业系统内，从事森林资源管理和森林经营规划的技术和管理人员。

（2）培训目标：通过培训，使学员初步了解和掌握近自然森林经营的基本理念与关键技术，并进一步学习近自然森林可持续规划与经营的原则、技术、方法和步骤。

（3）授课人员：在近自然森林经营、森林可持续管理领域从事理论研究和生产实践的国内外专家和高级技术人员。

（4）培训时间、方法和主要内容：见表 5-1。

表 5-1　培训时间、方法和主要内容

时间	方式/方法	内　　容
第1天	室内：讲课、讨论、实际案例	● 介绍典型项目案例（如 "德援北京项目"） ● 讲座：近自然森林经营理念 ● 讨论 ● 讲座：近自然森林可持续规划和经营的主要技术要点和实施步骤 ● 讨论
第2天	室外：参观项目区、实践	● 现地参观技术模式应用（中德合作北京项目） ● 讨论 ● 另选点现地开展森林经营规划试验性实践 ● 讨论
第3天	室外：实践和总结	● 继续第二天的内容讨论和总结

北京地区拥有大面积的人工针叶树纯林和天然次生林，由于过去一直没有采用科学的森林经营手段，造成森林密度过大，树木和林分稳定差，物种多样性降低，无法充分发挥水源涵养等森林功能。可持续森林经营的前提是制定以科学为基础、长期连续的森林经营和可持续发展规划。然而，现有的森林经营措施无法达到可持续森林经营的要求。为解决这一问题，中德两国政府合作，在北京实施了"京北风沙危害区植被恢复与水源保护林可持续经营"项目（以下简称德援北京项目）。该项目引进了近自然森林经营的理念和方法，完成了 7000 多公顷森林的高标准间伐作业。项目由德国政府通过德国复兴开发银行资助，德国 GFA 咨询公司提供技术支持，北京市园林绿化局实施。项目总结出的这套适合北京地区实际情况的近自然森林经营规划与经营模式，也适用于中国同类的干旱、半干旱林区。

这一模式主要根据北京地区的自然条件和森林特点总结和发展而成，重点在于发挥以水源涵养为主的森林多样化功能。我国干旱和半干旱地区分布着大量人口聚居区，这些地区需要森林等生态系统提供安全的水源、清洁的空气、肥沃的土壤和稳定的水利来支撑经济和社会发展。

制订中期（10 年）森林经营计划和对主要林种实施不同强度的间伐作业是可持续森林经营的核心。近自然森林经营包含以下主要原则：
- 提倡混交林，最好是由当地树种构成的；
- 标记目标树，间伐优势竞争树种；
- 以目标树为导向的经营作业而非全伐；
- 尽量利用自然进程来实现低成本而高效的经营管理。

近自然森林规划与经营模式包括以下的技术要点和规划原则：
- 对单一林分进行标记，并对它们的相关森林功能进行描述；
- 界定未来 10 年，所有林分的中期经营目标；
- 根据树种密度和森林类型，以未来10年中实施1~3次间伐为标准，制订出具体的经营方案；
- 采用并体现近自然森林经营技术，如标记目标树、根据林分密度决定优势竞争树种的间伐强度；
- 根据间伐强度计算单位面积作业成本；
- 最后通过村民或组建专业队形式来实施森林经营计划。

建立在 1∶5000 比例尺基础上的一套严格而精准的监测体系能够确保近自然森林经营规划与经营模式得到高标准的执行。只要遵循上述森林经营的主要原则，执行好主要技术步骤，并根据当地自然和社会经济情况，进行因地制宜地调整，德援北京项目的近自然森林经营规划和经营模式就可在更多的地区得以应用。

Summary of the Model "Close to Nature Sustainable Forest Planning and Management"

第 5 章　近 自 然 森 林 经 营 规 划 与 经 营 模 式
Close to Nature Sustainable Forest Planning and Management

The large-scale planted mono-cultural conifer forests and secondary natural forests in Beijing had not been managed yet on a scientific basis. Therefore the too high tree densities cause poor stability of individual trees and stands, reduce the species diversity and cannot fulfil the forest functions like water yielding properly. Continuous scientific-based forest management and sustainable development planning are pre-conditions for sustainable forest management. However, current forest management practices have been unable to meet the requirements of sustainable forest development. To resolve this problem, a Sino-German Project in Beijing has introduced concepts and methods of close-to-nature forest management and achieved more than 7000hm² of high qualified thinning areas. This project is co-financed by the Federal Republic of Germany through KfW and implemented by the Beijing Municipal Bureau of Parks and Forestry (BMBPF) with support of GFA Consulting Group, Hamburg. The models developed in this project are suitable for all planted conifer forests and secondary natural forests in Beijing. From the technical point of view, the model can also be applied in similar arid and semi-arid forest areas in China.

This best practice model was developed on the basis of natural conditions, the individual characteristics of forests and focused on achieving the forest's multiple functions mainly the water-retaining function. China has vast populated areas located in its arid and semi-arid regions. These regions have local economies and social development that have to rely on ecological and environmental services such as safe water source, clean air and soil and water conservancy -- things that can be provided continuously only by the forests and other ecological systems.

The medium-term (10-year) Forest Management Plans and the silvi-cultural concept for different cutting intensities in the main forest types are the centrepiece of sustainable forest management. The close-to-nature concept of forest management includes following principles:
- promotion of mixed stands, preferably consisting of local tree species,
- application of target tree selection and cutting of dominating competitors,
- target tree-oriented silvi-cultural interventions without clear-cuts and,
- utilization of natural processes to achieve cost-efficient management.

The close-to-nature sustainable forestry planning and management model includes technical aspects and new planning principles like:

- demarcation of homogenous stands and description of their relevant forest functions,
- definition of medium-term targets to be achieved in 10 years for all stands and forest types,
- planning of 1 to 3 cuttings in the next 10 years depending on tree densities during the field inspection of the forests,
- elaboration of close-to-nature forest management techniques like target tree selection and density depending cutting intensities for dominating competitors,
- provision of unit costs depending on cutting intensities and,
- implementation of forest management plans through participatory approaches by villagers or professional teams.

A strict and precise monitoring system based on aerial photos 1 : 5000 secures the highest standard of implementation. The model developed in Beijing can be applied in other regions as long as the main principles for management planning and implementation are followed. Precondition is the adaption of the general principles to the local natural and socio-economic situations.

5.1　近自然森林经营规划与经营模式来源

中德财政合作"京北风沙危害区植被恢复与水源保护林可持续经营"项目（以下简称德援北京项目），引进德国森林近自然经营与可持续发展规划的先进理念和技术，结合北京林业发展需求和森林特点，经过消化、吸收、创新和示范，总结形成了具有北京特色的近自然森林经营规划与经营模式。

5.1.1　模式针对的主要问题

长期以来，北京大面积人工纯林和次生林缺乏科学的经营管理，存在林分密度过大、树种组成单一、稳定性差、功能发挥欠佳等问题。科学的森林经营与可持续发展规划是实现森林可持续经营的重要前提和必要环节，而我国现行的可持续森林经营规划尚不能完全满足要求。

5.1.2　模式应用范围

本模式是根据北京地区自然条件和森林特点，为实现以水源涵养为主的森林多功能性目标而研发并实践的，在技术上适合类似的干旱、半干旱地区。在坚持相关理念原则和主要技术步骤的前提下，可根据规划地区的自然和社会、经济条件适当调整，以便于在更大范围推广应用。

5.1.3　模式的意义

本模式的意义在于，近自然森林规划与经营模式可视为近自然森林经营规划技术指南，尤其适用于大都市以水源地保护为主要目的的森林经营规划。

5.2　近自然森林经营规划与经营模式主要内容

5.2.1　近自然森林经营的基本思想和核心概念

近自然森林经营（Close-to-nature Forest Management）是以提高森林生态系统的稳定性、缓冲能力、生物多样性和系统多功能性为基础，以森林生命周期为规划设计时间尺度，以择伐干扰树进而促进目标树生长、保育天然更新等单株树木经营为主要技术特征，遵循森林群落演替规律，充分利用林地综合潜力，以永久性林分覆盖、主导功能为导向兼多功能为目标的森林经营体系。

近自然经营中，首先要根据林木在林分中的地位和作用分为常规目标树、保留目标树、特殊目标树和干扰树，其余的则为其他木。常规目标树一般是指居于林分上层的实生乡土树种，树冠发育良好、树干通直，具有较高价值，没有机械损害或病虫害，一般为 1 级木。保留目标树一般是常规目标树的天然更新林木，常为 3、4、5 级木。特殊目标树是指非常规目标树种的优良乡土或珍稀树种，具有丰富林分树种组成、提高生物多样性、改善林相结构或其他功能。干扰树是指影响上述目标树生长的林木，通常紧邻目标树，常与目标树树冠交叉，一般为 2、3、4 级木。

5.2.2 近自然森林经营规划的原则和标准

5.2.2.1 规划原则

规划区域包括整个村或一个完整的小流域，原则如下：

- 对整个规划范围进行森林功能区划；
- 只在适合的立地条件下鼓励木材生产；
- 措施应注重经济性和合理性；
- 设计和制订年度作业计划；
- 森林经营规划应符合中国和国际标准。

5.2.2.2 规划标准及特点

近自然森林经营规划与经营模式应符合森林认证标准的要求，如 FSC（森林管理委员会）、PEFC（泛欧森林认证体系）以及与中国未来可能采取的森林认证标准相匹配。近自然森林经营规划与经营模式具有以下特点：

（1）规划期和经营范围

- 开展 10 年的中期规划，实施 5 年后进行一次森林经营规划中期评估；
- 规划对象涵盖所有有林地（包括灌木林地），但经济林（果树等）除外；
- 项目区所有的森林均视为"水源涵养林（产水林）"，视其具有生产功能；
- 对坡度小于 35°且可作业的森林均进行规划，因地理位置不具备作业条件的森林应在规划图中标出；
- 根据实际情况采用低强度间伐（即近自然单株树选择法，尽量减少人为因素对林分的影响），且用"低影响采伐"方法，即在采伐和运输过程中，尽量减少对目标树、灌木和草本植物机械损伤以及土壤的扰动。

（2）以目标为导向的近自然森林经营

本模式要求为不同森林类型制定长期经营目标，为不同的林分确定中期目标，通过降低针阔混交林的郁闭度（郁闭度约为 0.7），合理减少阔叶林生物量，形成"理想的水源涵养林"。

（3）近自然森林经营类型划分

- 按照建群种将森林划分为不同的森林类型，再按林木密度和高度等级将森林类型细分为不同的森林经营模式，进而有针对性地实施不同的经营活动；
- 为便于规划，将现有林地按地理特征划分为作业区，其面积一般为 50~150hm²（经营强度大的面积应小一些，强度小的面积可大一些）；
- 根据森林类型和经营方式，将作业区内的森林细化为林分（细班），林分最小面积为

0.3hm²，有生产功能的林分最大面积不超过 10hm²，防护林最大可达 15hm²；

- 根据航片判读确定林分边界，并通过外业调查核实和更正；必须在林分中评估并确定如下内容：可经营的面积、森林经营模式（按照林木密度和高度等级确定）、立地和林分描述及规划的经营活动；
- 林分描述包括所有与森林经营实施、监测和森林功能改善有关的重要信息；
- 采用近自然森林经营技术来规划森林经营活动，以实现中期目标。

（4）近自然森林经营规划的实施与可持续性

- 森林经营规划的可持续性是通过砍伐强度和面积调节控制来实现的；
- 森林经营规划采用参与式方法编制，需在参与式会议上得到村民的同意；
- 森林经营规划应得到有关主管部门的批准；
- 森林经营规划的实施以 10 年期合同为基础，合同主要明确区、县项目办、乡镇林业站和土地所有人（村委会）的合作以及各方责任。

（5）最小规划单元

林分是规划和施工的最小单位。

（6）近自然森林经营频率

在 10 年规划期内可多次疏伐，可基于不同的紧迫程度，划分为 3 个优先阶段，即：Ⅰ.紧迫（第 1~3 年完成）；Ⅱ.正常（第 4~6 年完成）；Ⅲ.不紧迫（第 7~10 年完成）。

5.2.3　森林功能和林分经营

经营区所有森林为水源保护林和防护林（坡度大于 25°的），均具有水土保持功能，其中很多林分具有生产功能，有些可砍伐利用。旅游区游憩林和风景林的经营则处于次要地位。项目区内有自然保护区的，如果与森林经营有关，应在规划中描述这些森林的功能。

5.2.3.1　森林功能等级划分

近自然森林经营的主要目标是提高森林以水源涵养为主的多功能性。因此，有必要对森林功能进行分级，以确定各林分最经济有效的经营方式。表 5-2 是根据立地条件从土壤保护、保

表 5-2　森林功能分级标准

立地条件			森林主要功能等级			
土壤厚度（cm）	坡度（°）	海拔高度（m）	土壤保护	保水	生产	防护
<25	<25		1	2	3	0
	<25	>1500	3	1	2	0
	26~35		2	3	4	1
	>35		2	3	0	1
26~45	<25		3	2	1	0
	26~35		2	3	4	1
	>35		3	2	0	1
>46	<25		3	2	1	0
	26~35		3	2	4	1
	>35		3	2	0	1

水、生产、防护 4 个方面对森林功能进行了等级划分等。

5.2.3.2　森林经营潜力

森林生产潜能主要取决于可及性、土壤肥力和林分质量。在立地条件差的地段，由于林分木材产量过低（常为萌生林或小老树）、不可及、坡度陡（>35°）等原因，不宜规划经营活动。如果林地坡度小于 35°，且距离机动车道路的水平运输距离小于 3km，则属于具有潜在生产功能的森林，应规划经营活动。

5.2.3.3　"理想"的水源涵养林

理想的水源涵养林兼具多种功能，应以林分蒸腾最小化为原则来提高其保水和产水功能。经营目标具体为：

- 10 年后针叶林郁闭度达到 0.7 左右（0.6~0.8 之间），具有价值的阔叶林获得更新；通过减少干扰树，针叶林的稳定性 [高度（m）：直径（cm）<0.7] 提高；所有目标树的生长不会因树冠或根系竞争而受到影响，长势良好；林木密度达到或者接近目标密度。
- 幼龄阔叶林保持高郁闭度，保持自然整枝；地面植被受到上层树冠的控制；目标树的发展没有严重的竞争，可通过疏伐下层受压木和不良木来减少生物量。
- 对质量太差的森林，如没有合适目标树的萌生林，应经营为萌生矮林。

5.2.3.4　具有生产功能的防护林经营

大部分密度较高的防护林都具有土壤保护和水源保护功能。对坡度 25°~35° 之间、具有生产功能的防护林应开展经营活动。只有在不影响土壤保护，且林分稳定性和未来增值不受威胁时，才对防护林规划经营活动。例如对于坡度在 25°~35° 之间、立地条件好，但密度过大的针叶林和核桃楸林分，可开展经营活动。但须采用"低影响采伐法"，集材前将树干切段，用人力或用马运输，以便保护天然更新，避免破坏土层。

5.2.3.5　其他防护林经营

对曾是梯田的林分，尽管坡度常大于 35°，也可正常开展森林经营。

5.2.4　森林经营规划的主要内容

近自然森林经营规划应符合中国和国际森林经营有关法律法规的要求。

5.2.4.1　规划中资源描述内容

森林经营规划中的资源描述应包括以下内容：

- 当地社会经济情况和历史；
- 林地所有权、使用权和经营管理权；
- 森林主要功能定位，如防护功能或生产功能；
- 水文状况以及森林产水潜能（可能的话）；
- 对不同类型和功能的森林规划不同的经营目的；
- 有关放牧和薪材采集以及非木材林产品的管理规定；

- 森林保护计划（包括护林员、消防工具）；
- 补充信息简述（病虫害、火灾、主要树种和稀有树种及其分布、可及性，目前用途如薪材生产等）。

5.2.4.2　规划主要内容

森林经营规划应体现以下主要规划内容：
- 外业调查和针对 3 个优先程度（紧迫、正常、不紧迫）规划的主要活动；
- 林木密度指南；
- 主要森林经营模式活动指南，包括长期目标和中期目标；
- 各林分规划和施工表；
- 简要成本和收益规划（收入和支出），其中应包括劳动力成本；
- 经营计划的简要结果；
- 如有必要，须提供有关道路建设的建议；
- 森林经营规划中其他必需的表格；
- 按森林功能统计的面积；
- 按作业区、森林类型和紧迫程度统计的面积；
- 按森林类型统计的林分和立地情况；
- 按森林类型的森林经营结果；
- 按森林类型统计的各优先程度林分列表；
- 在每个优先阶段预计的砍伐数量；
- 按照有关规定和要求，可添加其他的表格。

5.2.4.3　规划和施工表

每个林分都有对应的规划和施工表，其中应包括以下规划数据：
- 作业区 / 林分编号和面积，包括总面积和规划经营面积；
- 立地描述；
- 森林功能等级；
- 中期目标；
- 林分情况说明；
- 规划的经营活动（按不同的紧迫程度、频率和强度）；
- 未来 10 年需要砍伐林木材积；
- 未来 10 年需要砍伐的林木数量。

实施经营活动后，须在实施表中记录所有活动的数据和结果（作业面积、伐除木株数和材积等）。这些积累的数据具有重要的价值，因其能体现森林对经营措施的响应。一个项目村的规划和实施表将单独编册，供村委会、乡镇林业站和区县项目办使用，并用于监测。

5.2.4.4　补充信息

森林经营规划还需要包含以下补充信息：
- 风险以及应对措施，如应对火险和风、雪灾害的措施等；

● 区、县项目办，乡镇林业站和土地所有者（村委会）的合作协议及各方责任（10年合同）；

● 参与式方法的结果；

● 重要会议的纪要。

5.2.4.5　森林经营规划图

（1）航片和卫片的使用

总体来说，利用 GIS 对航片（或地形图）或卫片进行处理，进而获得森林经营规划图，规划图应包括以下内容：

● 在1∶25000或者1∶50000比例尺总图上，标明项目村边界、林分面积、可及性和森林功能；

● 在1∶10000~1∶5000比例尺森林经营图上需标明：

■ 规划区（村）边界；

■ 作业区和林分边界；

■ 森林功能边界；

■ 可及和不可及的森林；

■ 现有基础设施（林内或通向林地的道路、电缆等）；

■ 步道；

■ 等高线（20m 间距）；

■ 林地内有 GPS 定位点的永久样地位置；

■ 包含林分主要规划结果的表格（按不同紧迫程度、频率和强度的规划面积）。

（2）明确对防护林、生产林和其他功能的森林、作业区、细班定界

森林经营规划图中须明确标明防护林、生产林，以及具有其他功能森林的边界；同时划分作业区和细班边界。

（3）外业勾绘林分边界

外业调查时，必须根据实际森林经营模式和未来10年规划的林业活动来调整。凡具有相同功能和采取同样经营措施的地区，最小规划单元为林分（细班）。林分边界应能反映实际的情况，即林分内树种构成与周边差异明显。

（4）道路、林道和基础设施

森林经营规划图中应标明道路，以便运送林产品的卡车或拖拉机通行，规划图中应标明其他基础设施，如电缆、防火瞭望塔等。

（5）绘制现有调查样地

森林经营规划图上还应标明下述调查样地位置：

● 一类森林资源调查永久样地及对应的项目影响监测样地；

● 二类森林资源调查样地；

● 科研机构设置的其他永久样地。

5.2.4.6　应用参与式方法

采用参与式森林经营规划方法，在规划过程中，向村委会和村民了解以下重要信息：

● 森林历史状况；

● 有生产功能的区域和不可及的区域；

● 林间步道和道路需求；

● 不同森林类型的营林经验；

● 薪材和其他非木材林产品的使用情况。

5.3 近自然森林经营规划主要步骤

5.3.1 主要步骤

① 绘制森林功能边界，并在图中标出不可及的森林。

② 用 GIS、航片、电子地形图编制作业区和林分电子地图（在流域中，在航片上标注同质林分的分界线）。

③ 在规划图上显示道路和可能的集材场，提出基础设施修缮建议（林间道路和步道），得出初步林分图。

④ 外业调查，主要任务有：

● 基于林分的初步划分结果，对每个林分边界划分进行核正或修正；

● 描述立地、林分和可实施面积，除去裸岩及坡度大于 35° 不经营的面积；

● 按照近自然森林经营原理，根据林业活动的优先程度、频率和强度以及预计的投资标准，规划未来 10 年的林业活动，规划需兼具必要性和经济性原则；

● 确定经营活动的紧迫程度、频率和强度，预测可能的投资等级。

⑤ 针对不同的森林类型，描述长期目标和中期目标。

⑥ 编制森林经营规划（包括规划文本和规划图）：

● 汇总并分析规划数据（根据优先程度和森林经营类型等）；

● 编制森林经营规划；

● 编制规划图；

● 通过参与式方法得到项目村的认可。

⑦ 审核批准：规划单位负责检查森林经营方案的质量，将森林经营方案提交当地林业行政主管部门，并获批准。

5.3.2 规划外业工作

规划中，需对每个林分进行现场调查，并填写规定信息（表 5-3）。

表 5-3 外业调查中需确定的信息

调查内容	信息	方法
GIS标号	区县	编号
	乡镇	编号
	行政村	编号
	自然村	编号
	作业区	编号
	林分	编号

（续）

调查内容	信息	方法
立地描述	土壤	类型
	海拔	类型
	坡度	类型
	坡向	类型
森林功能	计算（根据土壤、海拔和坡度）	用GIS
林分描述	森林类型	类型
	密度	类型
	高度等级	类型
	中期目标	复制和修改
	优势树种详细描述	文字描述
	起源	类型
	郁闭度	类型
	更新（树种、密度、高度）	文字描述
可经营面积	裸岩、防护林>35°、灌木林等	估计的百分比
	因太稀疏不进行经营	估计的百分比
森林经营规划活动	活动	类型
	优先程度Ⅰ：面积百分比	确定按10%的砍伐步骤
	优先程度Ⅰ：投资等级（强度）	确定投资等级
	优先程度Ⅱ：面积百分比	确定按10%的砍伐步骤
	优先程度Ⅱ：投资等级（强度）	确定投资等级
	优先程度Ⅲ：面积百分比	确定按10%的砍伐步骤
	优先程度Ⅲ：投资等级（强度）	确定投资等级
	文字描述	如需要，进行描述
	10年的总采伐蓄积量	预计类型

5.3.2.1 立地描述

立地描述参数主要包括土壤厚度、海拔、坡度和坡向等内容，详见表5-4。

表5-4　立地描述参数

参数	类别或等级
土壤厚度（cm）	<25；25~50；>50
海拔（m）	<800；800~1500；>1500
坡度（°）	<25；25~35；>35
坡向	根据森林资源二类调查中所采用的描述方法

5.3.2.2　林分描述

林分描述指标见表 5-5。林分描述应对这些指标进行详细的文字补充，为森林经营提供重要参考。

表 5-5　林分描述指标

指标	描述
森林类型	依据建群种确定
密度	疏、正常、密、极密
高度等级	根据不同树种，2m一级
林分文字描述	描述一些差异，如：林分内包含的其他森林经营模式；有不同高度、密度和树种的位置；<10%的伴生树种、损伤、重要的经营地点和立地的标志物、长势、质量等
建群种所占比例（%）	大于10%的各种树种的名称，精确到1/10，如：松7、栎2、侧柏1
起源	萌生林、人工林、天然实生林、飞播林
更新	覆盖面积：稀疏、中等、密；树种（>10%）、平均高度（m）。如：油松稀疏、椴树中等、2~6m高
中期目标	采用本章附件3中的目标来描述，如果需要可调整

5.3.2.3　森林经营中期目标

中期目标是实施规划活动 10 年后应达到的目标，应加以预测和描述。10 年中期目标可根据实际情况调整，但应包含以下主要信息：

- 林冠郁闭度和林木密度；
- 预期更新的计划目标（包括树种、高度和面积方面）；
- 树种组成变化；
- 林分稳定性目标（合适的高度 / 直径比）；
- 地表植被目标（覆盖率、高度）。

5.3.2.4　森林经营活动优先级与疏伐频率

在森林经营规划的 10 年期内，实施森林经营活动优先级分为 3 个紧迫程度（表 5-6）。确定紧迫程度的标准主要是林冠竞争和林分密度，参考林木密度指南。

表 5-6　森林经营规划期间森林经营的紧迫性

紧迫程度分类	实施阶段	现有林分郁闭度
紧迫（Ⅰ）	前3年实施	约0.9
正常（Ⅱ）	中间3年实施	约0.8
不紧迫（Ⅲ）	规划结束前4年实施	约0.7
森林经营规划结束后	10年后实施	约0.6或以下

5.3.2.5 疏伐强度与投资等级

疏伐强度及投资定额详见表5-7和表5-8。对高密度林分，疏伐经营通常分配到3个阶段进行，第一阶段（最紧迫）疏伐强度最高，后两个阶段强度依次降低。对每一种森林经营模式（森林类型、林木密度和高度等级），均应规划出在10年规划中预期密度和可能的砍伐强度和工作量，进而计划出对应的投资等级。

规划时可在表5-9的疏伐强度中选择。高密度林分需在10年内规划2~3次的疏伐。在10年的森林经营规划中，可以采用多个投资等级的组合。

5.3.2.6 基础设施（道路系统）规划

道路分为临时步道、永久窄步道、交通步道（适合板车和手推车）、货车道和集材道。对旅游步道、货车道和集材道应制定相应的商业规划。

表5-7　森林经营投资构成（无集材活动）　　　　　　　　　　　　　　　　元/hm²

投资等级	疏伐强度		劳务补助		材料费（油漆、工具）	总投资	备注
	（株/亩）	（株/hm²）	标记、疏伐	林务队长			
cc1	7~10	105~157	940	255	300	1495	
cc2	11~17	158~262	1240	255	300	1795	
cc3	18~24	263~367	1720	255	300	2275	
cc4	25~33	368~502	2140	255	300	2695	
cc5	34~48	503~720	2800	255	300	3355	

注：cc即投资等级，与疏伐强度对应。

表5-8　森林经营投资构成（含集材活动）　　　　　　　　　　　　　　　　元/hm²

投资等级	疏伐强度		劳务补助		材料费（油漆、工具）	总投资	备注
	（株/亩）	（株/hm²）	标记、疏伐、集材	林务队长			
cc1	7~10	105~157	1370	255	300	1925	
cc2	11~17	158~262	1765	255	300	2320	
cc3	18~24	263~367	2200	255	300	2755	
cc4	25~33	368~502	2875	255	300	3430	
cc5	34~48	503~727	4000	255	300	4555	
cc6	49~72	728~1080	4500	255	300	5055	

注：在德援北京项目中，所有森林类型中只有侧柏类需要并开展了集材措施，其他类型一般不需要。

表 5-9　森林经营中期目标及疏伐强度表

森林类型	森林经营模式	高度等级	中期目标	10年的密度（株/亩）	规划活动	第一阶段可选的疏伐强度						第二阶段可选的疏伐强度						第三阶段可选的疏伐强度					
						1	2	3	4	5	6	1	2	3	4	5	6	1	2	3	4	5	6
森林类型						A①	B	C	D	E	F	A	B	C	D	E	F	A	B	C	D	E	F
所有森林类型	疏（郁闭度≤0.7；<80株/亩）	所有	10年规划期内没有经营活动	没有变化	没有活动																		
		<4m	10年规划期内没有经营活动	没有变化	没有活动																		
油松	正常（郁闭度0.8；80~100株/亩）	4~6m	在10年经营期进行经营后期郁闭度0.8，提高稳定性和高度结构	75~105	在阶段Ⅲ进行择伐																		
		6~8m	郁闭度0.7，提高稳定性、质量和高度结构，提高更新，目标树和1级木没有干扰树，特殊目标树生长在林窗里	61~84	2次择伐，每个目标树砍伐2株干扰树，砍掉大部分不良木和受损木			X										x	X				
		8~10m		49~68			x	X	x			x						x	X	X	X		
		10~12m		40~55	1~2次择伐，每个目标树砍伐2个株干扰树，砍掉大部分不良木和受损木		X	X										x	x				
		>12m		35~45	大部分受损木		X	x				x						x					

X：推荐项；　x：可选项

①疏伐强度（株/亩）A：7~10，B：11~17，C：18~24，D：25~33，E：34~48，F：49~72。

（续）

森林经营模式			森林经营10年（至规划期结束）	中期目标	疏伐强度																	
					第一阶段可选的疏伐强度						第二阶段可选的疏伐强度						第三阶段可选的疏伐强度						
					1	2	3	4	5	6	1	2	3	4	5	6	1	2	3	4	5	6
油松	密（郁闭度：0.9；100~120株/亩；高度 8m）	<4m	10年规划期内没有经营活动	没有变化	没有活动																	
		4~6m	在10年经营期后期进行经营，郁闭度0.8，提高稳定性和高度结构	75~105	2~3次择伐，每个目标树扰伐2株干扰树，砍掉大部分不良木和受损木		x	X	X					X	x			x	X	X			
		6~8m		61~84	2~3次择伐，每个目标树砍伐2株干扰树，砍掉大部分不良木和受损木		X	X	X					X	x				X	X			
		8~10m	郁闭度0.7，提高稳定性，质量，提高更新，目标树和1级树，特殊目标树在林窗里	49~68				X	X				x	X				x	X	X			
		10~12m	质量和高度结构，目标树更新，目标树干扰木没有目标树生长	40~55	2次择伐，每个目标树砍伐2株干扰树，砍掉大部分不良木和受损木		X	X	X			x	x	x				x	x	X			
		>12m		35~45	1~2次择伐，每个目标树砍伐2株干扰树，砍掉大部分不良木和受损木	x	X	X				x	x					x	x				
	非常密（郁闭度≥0.9；120株/亩）	<4m	没有目的	没有变化	没有活动																		
		4~6m	在10年经营期后期进行经营，郁闭度0.8，提高稳定性和高度结构	80~110	3（2）次择伐，每个目标树砍伐2~5株干扰树，砍掉大部分不良木和受损木				X	X					X	x		x	X	X	x		

（续）

树种	森林经营模式	高度	森林经营10年（至规划期结束）中期目标	中期目标	择伐说明	疏伐强度 第一阶段可选的疏伐强度 1	2	3	4	5	6	第二阶段可选的疏伐强度 1	2	3	4	5	6	第三阶段可选的疏伐强度 1	2	3	4	5	6
油松	非常密（郁闭度≥0.9；120株/亩）	6~8m	郁闭度0.7，提高稳定性，质量更新，提高稳定性，目标树和I级木没有干扰，特殊目标树，特殊目标树生长在林窗里	66~89	3次择伐，每个目标树砍伐2~4株干扰树，砍掉大部分不良木和受损木					X												X	X
油松		8~10m		54~73	3（2）次择伐，每个目标树砍伐2~4株干扰树，砍掉大部分不良木和受损木			X	X	X			X	X						x	X	X	
油松		10~12m		45~60	2~3次择伐，砍掉目标树的所有干扰树		X	X	X	x			X	x					X	X	x		
油松		>12m		40~50	砍掉大部分不良木和受损木		X	X	X				X	x				X	X	X			
侧柏	疏（郁闭度≤0.7；<80株/亩）	所有	10年规划期内没有经营活动		没有活动																		
侧柏	正常（100~200株/亩；高度6m）	<4m	郁闭度0.8，提高稳定性，目标树和I级木没有干扰，目标树生长在林窗里	150~160	1~2次择伐				X	X					x	X		x	x	x	x		
侧柏		4~6m		135~145	2~3次择伐				X	X		x	X		X	X		x	X	X	X		
侧柏		>6m		120~130	2~3次择伐			X	X				X		X			X	x	X	X		
侧柏	密（200~300株/亩；高度6m）	<4m	郁闭度0.8，提高稳定性，目标树和I级木没有干扰，特殊目标树生长在林窗里	150~165	3次择伐					X						X	x		x	x	X	X	
侧柏		4~6m		135~150	3次择伐				X	X	x				X	X				X	X	X	
侧柏		>6m		120~135	3次择伐					X	X				X	X	X				x	X	X
侧柏	极密（>300株/亩；高度6m）	<4m	郁闭度0.8，提高稳定性，目标树和I级木没有干扰，特殊目标树生长在林窗里	150~170	3次择伐				x	x					X	X					x	X	X
侧柏		4~6m		135~150	3次择伐				X	X	X				X	X	X				X	X	X
侧柏		>6m		120~135	3次择伐				X	X	X				X	X				X	X	X	X

155

（续）

森林经营模式		森林经营10年（至规划期结束）		中期目标	疏伐强度																		
					第一阶段可选的疏伐强度						第二阶段可选的疏伐强度						第三阶段可选的疏伐强度						
					1	2	3	4	5	6	1	2	3	4	5	6	1	2	3	4	5	6
落叶松	正常（郁闭度0.8；100~130株/亩）	6~10m	郁闭度0.7，提高稳定性，质量，目标树和混交程度提高，没有干扰木，特殊目标树生长在林窗里	60~67	2次择伐		X	X	x										X	x	x		
		10~12m		53~58	2次择伐			X	X	x								x	X	x	x		
		>12m		50~55	2次择伐			x											X	x			
	密（郁闭度：0.9；130~160株/亩；高度10m）	<10m	郁闭度0.7，提高稳定性，质量，目标树和混交程度提高，没有干扰木，特殊目标树生长在林窗里	60~67	2~3次择伐										x	x			X	x	X	x	
		10~12m		53~58	2~3次择伐									x	x	x			X	X	X	x	
		>12m		50~55	2~3次择伐									x	x	x				x	X	x	
	极密（郁闭度≥0.9；>160株/亩；高度10m）	<10m	郁闭度0.7，提高稳定性，质量，目标树和混交程度提高，没有干扰木，特殊目标树生长在林窗里	70~80	3次择伐			X	X	x										x	X	X	
		10~12m		60~70	3次择伐			X	X	x										x	X	x	
		>12m		55~60	3次择伐			X	X	x									x	X	X	x	
所有阔叶林类型	<40株/亩		10年内没有经营活动	没有变化	没有活动																		
混交阔叶林	正常（40~80株/亩）		郁闭度0.8~0.9，提高质量，混交程度，高度结构，减少生物量以减少截流和蒸腾	35~55	1~2次择伐	x	x	X	x									x	X				
	密（81~120株/亩）			50~60	2~3次择伐			X	x				x	X					x	X	x		
	非常密（>120株/亩）			60~70	3次择伐			X	X	x			x	X	x				x	X	x		

（续）

森林经营模式		森林经营10年（至规划期结束）中期目标			疏伐强度																		
					第一阶段可选的疏伐强度						第二阶段可选的疏伐强度						第三阶段可选的疏伐强度						
					1	2	3	4	5	6	1	2	3	4	5	6	1	2	3	4	5	6
核桃~椴树	正常（40~80株/亩）	郁闭度0.8~0.9，提高质量、混交程度、高度结构，以减少截流和蒸腾	35~55	1~2次择伐	X	x											x	x				
	密（81~120株/亩）		50~60	2~3次择伐		X	x				x	x	x				x	X	x			
	非常密（>120株/亩）		60~70	3次择伐		X	X				x	X	x				x	X	x			
栎林	正常（40~80株/亩）	郁闭度0.9~1，提高质量、混交程度、高度结构，减少截流和蒸腾	35~55	1~2次择伐	x	X	X						x	x			x	x				
	密（81~120株/亩）		50~60	2~3次择伐		X	X	X				x	x				X	x				
	非常密（>120株/亩）		60~70	3次择伐		X	X	x				X	x	x			X	x				
桦树林	正常（40~80株/亩）	郁闭度0.7~0.8，提高质量、混交程度、高度结构，以减少截流和蒸腾	35~55	1~2次择伐		x	X							X	x			x	x			
	密（81~120株/亩）		50~60	2~3次择伐			x	X					x	X					X	X		
	非常密（>120株/亩）		60~70	3次择伐				x	X				x	X					X	x		
杨树林	正常（40~80株/亩）	郁闭度0~0.3，促进阔叶林更新，减少生物量以减少截流和蒸腾	0~20	2~3次遮盖木砍伐				x	X		x	x	x					x	x			
	密（81~120株/亩）		0~20	3次遮盖木砍伐			x	X				x	x	X				x	X	x		
	非常密（>120株/亩）		0~20	3次遮盖木砍伐					X				x	x	X			x	X	X	x	

5.3.3　近自然森林经营规划与经营模式的实施

5.3.3.1　制订简明商业计划

当森林经营规划在项目村通过批准后，应制订简要的商业计划。该商业计划须提交相关主管部门，为申请项目规划实施所需基础设施、材料和工具、资金提供依据。商业规划包括如下内容：

- 针对各实施阶段的年度实施计划（面积、按照不同树种林木的数量、运输距离和时间计划）；
- 计算需要的人力和设备，村里可提供的人力、需要从村外聘请的人力以及其他集材协助所需要的人力；
- 当需要从村外聘请劳力的时候，应说明林务员所发挥作用的变化，或选择减少林务员数量；
- 计划和申请建设新的基础设施（道路、交通道路、集材场和步道）；
- 列出需要的工具和材料；
- 砍伐木材的经济收益。

5.3.3.2　制订年度作业设计并实施

年度作业的面积应从所有的第一阶段经营面积中通过参与式方法进行选择。建议如下：

- 第一年选择所有第一阶段面积约1/3，首选密度最大的林分；
- 每年都应包括距离公路较远和较近的林分；
- 第一年应选择各龄级和直径等级的林分，而不是只选择高大林分。

5.3.3.3　林务员培训

通过参与式方法，确定林务员队长和队员，并根据实际情况进行近自然森林经营技术培训，培训方式应包含室内讲授和现场讲解、示范、操作练习以及讨论等环节。

5.3.3.4　组织林务员施工

根据批准的森林经营方案和年度施工计划，按照近自然森林经营技术要求，在每个经营细班内标记目标树和干扰树。经核查无误后，将干扰树全部伐除并进行集材。在疏伐和集材过程中，尽可能避免对其他林木、灌木和草本植物以及林地土壤造成不必要的干扰和破坏。

5.3.3.5　检查验收

近自然森林经营的检查验收包括两个方面。一是森林经营相关文件资料，主要包括森林经营方案、年度作业设计、参与式结果、施工作业记录等。二是经营林分现场内容，主要包括规划细班面积是否准确、目标树和干扰树选择是否正确、疏伐强度是否与规划一致，以及疏伐和集材过程中是否对植被和林地土壤造成明显的破坏等。

5.3.4　组织管理和政策支持

建议在当地财政部门和林业部门的指导下，由林业部门组织实施具体的森林经营活动。具体的森林经营规划一般由当地林业勘查设计单位组织完成，市、县和乡镇林业部门以及项目村村委会和林务队长参与具体规划工作。规划应由当地林业主管部门审批。

5.4　模式的成本和效益

根据德援北京项目的探索和实践，采用这种近自然森林经营规划的成本约为 27 元 /hm²，施工成本约为 200 元 /hm²。因此，本模式不仅具有规划成本较低的特点，且对林分的长期经营具有极强的指导作用。收益主要体现在对林分的科学经营和增加林分的多重效益方面。

近自然森林规划与经营模式的推广应用，为北京市及类似地区开展森林经营工作提供了技术支撑和示范。随着应用范围的不断扩大和模式的完善，预计可产生可观的生态效益和社会效益。

5.5　模式推广前景

本模式中的主要理念和技术已经在北京市森林健康经营项目和低效林改造中得以应用，取得了良好的效果。随着本模式的完善，有望进一步扩大应用面积，推广前景趋好。

参考文献

王小平，陆元昌，秦永胜，等 .2008. 北京近自然森林经营技术指南 [M]. 北京：中国林业出版社 .

邓华锋 .2008. 中国森林可持续经营管理研究 [M]. 北京：科学出版社 .

亢新刚 .2011. 森林经理学 [M].3 版 . 北京：中国林业出版社 .

国家林业局 .2006. 中国森林可持续经营指南 [M]. 北京：中国林业出版社 .

景彦勤，林文卫，邓鉴锋 .2006. 德国近自然林业经营与管理模式—赴德国林业考察报告 [J]. 广东林业科技，22(3).

邵青还 .2003. 对近自然林业理论的诠释和对我国林业建设的几项建议 [J]. 世界林业研究（6）.

北京市质量技术监督局 .2011. 近自然森林经营技术规程：北京地方标准 DB11/T 842—2011[S].

北京市园林绿化国际合作项目管理办公室 .2011. 近自然森林经营规划指南 [C]. 京北风沙危害区植被恢复与水源保护林可持续经营项目技术材料 .

附件　北京庄科村森林经营规划

一　基本情况

（一）自然地理概况

1. 地理位置

庄科村位于延庆县东北部山区，全村总面积382.28hm²，属于香营乡，处于白河流域。庄科村距县城约30km，距乡政府约10km。

2. 气候特征

庄科村属大陆性季风气候，四季变化明显，年平均气温8℃。由于冬夏受季风交替控制，冬季寒冷干燥，春季多风，干旱少雨，无霜期160~180天，年均降水量在500mm左右，年内降水量分布不均，降雨主要集中在7~8月、占全年降水量的70%以上，主要自然灾害为旱灾与冻害。

3. 地形地貌

庄科村地貌为低山、中山两种类型，坡度多在15°~40°之间，海拔700~1100m。海拔800m以下的土壤基本为褐土，海拔800m以上为棕壤土。

4. 土壤

全村土壤为褐土，土壤厚度多在26~45cm。

（二）社会经济概况

庄科村有人口24户55人，全部为汉族。其中男性29人，妇女26人。全村有劳动力17人，其中男性10人，妇女7人。全村有耕地153.5亩，人均2.79亩，主要种植玉米、土豆等。根据延庆县统计局的官方统计，2010年人均纯收入为3500元。

（三）森林资源概况

1. 林地资源现状

附表5-1　项目区林分统计表

分类				面积（亩）	占土地总面积的比例（%）
合　计				5767.98	100
林地	小　计			5292.79	91.76
	有林地	小　计		3708.70	64.30
			油松林	816.71	14.16
			落叶松林	1741.94	30.20
			栎林	769.43	13.34
			山杨林	228.07	3.95
			杨树林	20.88	0.36
			其他阔叶林	131.67	2.28
		灌木林		1584.09	27.46
非林地	小　计			475.19	8.24
	农地			449.89	7.80
	其他土地			25.30	0.44

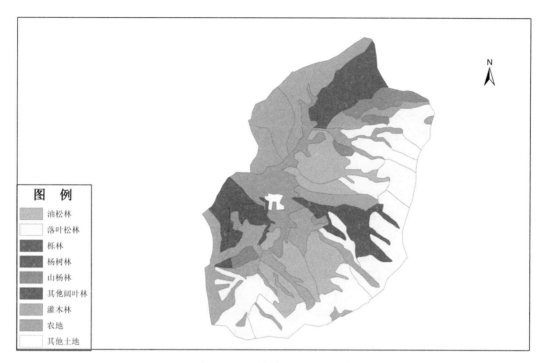

图　例

- 油松林
- 落叶松林
- 栎林
- 杨树林
- 山杨林
- 其他阔叶林
- 灌木林
- 农地
- 其他土地

附图 5-1　庄科村土地利用类型分布

全村规划土地面积 5767.98 亩，其中林地面积 5292.79 亩，占全村土地总面积的 91.76% ；非林地面积 475.19 亩，占全村土地总面积的 8.24%。林地面积中森林 3708.70 亩，灌木林 1584.09 亩，苗圃地 22.73 亩。森林面积中油松林 816.71 亩，落叶松林 1741.94 亩，栎林 769.43 亩，山杨林 228.07 亩，杨树林 20.88 亩，其他阔叶林 131.67 亩。各土地类型分布情况见附表 5-1 和附图 5-1（彩版）。

2. 森林资源总体评价

（1）森林结构不尽合理

现有森林多为纯林，树种单一，结构简单，无法构成完善的森林生态系统；林木密度相对较高，尤其是针叶林，林木密度大多在 80 株 / 亩以上，易发生大面积的病虫害、雪灾等自然灾害；林龄结构不合理，幼龄林和中龄林面积过大，约占森林面积的 71%。总的来讲，全村森林结构还不合理，森林质量还不够高。

（2）无法满足多功能需求

森林不仅生产物质产品，更为人们提供了大量高品质的生态产品和精神文化产品，与城市社会发展和居民的身心健康紧密相关。随着北京人均 GDP 突破 1 万美元，人们坚持"人本、绿色、低碳、和谐"的发展理念，对优美环境、良好生态的要求越来越高。目前，全村森林大多处于亚健康状态，生态系统景观单调，森林产出能力有限，无法满足人们日益增长的生态需求和文化需求。

（3）缺少科学的森林经营

目前北京市森林正处于由数量增长向提质增效的转型阶段，森林集约经营水平还不够高，再加上近几年受林木采伐定额的限制，项目区林木密度一直维持在较高水平，森林经营还不够科学。

此项目的开展给全村的森林经营带来了有利契机，采用近自然森林经营理念，通过保护目标树、伐除干扰树和保护珍稀树种等措施，促进林下幼苗更新和幼树生长，改善森林健康状况，加快森林演替进程。

二、总体思路

（一）基本原则

1. 坚持遵循自然资源分布规律

遵循自然资源的分布规律和格局，立足于改善不良生态环境、促进区域生态安全，科学有序地经营现有森林资源。

2. 坚持保护与经营并进

在进行水源保护林近自然经营时，不对原有的健康林分、原生植被、珍稀物种和土壤构成威胁。

3. 坚持合理利用森林资源

在不对自然资源构成威胁的条件下，在不降低森林生态功能的基础上，合理利用水土及其他自然资源，以实现区域经济社会和生态可持续发展，体现"以人为本"的基本理念。

4. 工程建设同时满足中国和国际标准

项目区内进行工程建设时，建设内容和施工标准力求既符合项目的要求，又与国家和北京市有关林业工程建设标准一致。

(二) 规划目标

1. 降低林分密度（生物量），使蒸腾最小化以提高产水功能

针叶林在 10 年后郁闭度达到 0.7（0.6~0.8）；阔叶林可通过疏伐下层受压木和不良木来减少生物量。

2. 提高森林稳定性，促进林木生长

针叶林内，所有目标树的生长应该不受阻碍（没有树冠或根系的竞争），长势良好，稳定性得到提高（高度 / 直径比 <0.7），并具有阔叶树更新；阔叶林应该保持较高的郁闭度（0.9 或者更高），避免萌生枝，并保持自然整枝，地面植被应受到上层树冠的控制，目标树的生长避免出现严重的竞争现象。

3. 尽量"低影响"地开展森林经营活动，以充分发挥森林的土壤保护功能和水源保护功能

在具有生产功能的防护林（坡度为 25°~35°）内开展疏伐活动时，对有可能造成土壤破坏的，使用"低影响采伐"方法，使得对土壤破坏程度降到最低；为了防止林分的不稳定，在大于 35° 的坡地上，只对森林进行封育，不进行其他森林经营活动。

(三) 规划流程

在德援北京项目中，近自然森林规划基本过程见以下流程图（附图 5-2）。

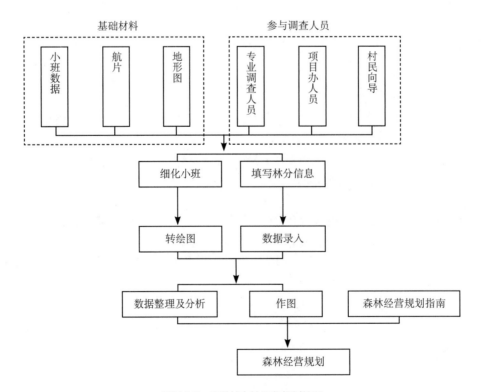

附图 5-2　庄科村森林经营规划流程

162

（四）总体布局

　　为了方便森林经营施工管理，按照地形地貌特征，将整个项目区划分成 4 个经营工作区。工作区面积一般为 50~150hm²，密度高的林分，工作区面积相对小些，密度低的林分，工作区的面积相对较大。每个工作区的具体范围如附图 5-3（彩版）所示。

附图 5-3　庄科村森林经营工作区分布

三、技术标准

　　结合近自然森林经营理念，在对项目区森林资源现状进行深入分析后，中德双方达成一致意见，在森林经营规划的 10 年期内，项目区主要营林措施为疏伐，并根据紧迫程度（确定紧迫程度的标准主要是林冠竞争和林分密度）将实施森林经营活动按照优先级分为三类，即紧迫（Ⅰ）、正常（Ⅱ）和不紧迫（Ⅲ）三个阶段（见附表 5-2）。

附表 5-2　森林经营规划期间（10 年）森林作业的紧迫程度

紧迫程度分类	实施阶段	现有林分郁闭度
紧迫（Ⅰ）	2014 年年底前实施	约0.9
正常（Ⅱ）	2015—2017 年实施	约0.8
不紧迫（Ⅲ）	2018 年至计划结束时实施	约0.7
可延迟到森林经营规划结束后	10 年之后实施，即封山育林	约0.6或以下

　　据统计，全村森林优势树种主要是油松、落叶松、栎类、山杨、杨树和其他阔叶树等树种。根据《中德财政合作项目（德援北京项目）京北风沙危害区植被恢复与水源保护林可持续经营森林经营规划指南》及项目的相关要求，确定庄科村实施森林经营的树种有油松、落叶松、山杨和椴树 4 个树种。根据优势树种、林分密度和高度等级的差异，制定不同的森林经营模式，确定林分的中期目标、林木疏伐频度和强度。各森林经营模式的施工技术标准见本附件后附表 1、附表 2 和附表 3。

四、规划内容

通过外业调查，在全村 22 个二类小班的基础上进一步细化，共计区划林分 48 个，其中达到经营标准的林分共 17 个，面积为 2246.15 亩。具体见彩版附图 1。

（一）森林功能分区

根据林分的土壤厚度、坡度和海拔 3 个因子，确定森林功能等级，具体划分标准见附表 5-3。

附表 5-3　森林功能等级划分标准

立地条件			森林功能等级			
土壤厚度（cm）	坡度（°）	海拔（m）	土壤保护	保水	生产功能	防护林
−25	0~25	<800	1	2	3	no
−25	0~25	800~1500	1	2	3	no
−25	0~25	>1500	2	3	4	1
−25	26~35	<800	2	3	4	1
−25	26~35	800~1500	2	3	4	1
−25	26~35	>1500	2	3	4	1
−25	>35	<800	2	3	no	1
−25	>35	800~1500	2	3	no	1
−25	>35	>1500	2	3	no	1
26~45	0~25	<800	3	2	1	no
26~45	0~25	800~1500	3	2	1	no
26~45	0~25	>1500	3	2	4	1
26~45	26~35	<800	2	3	4	1
26~45	26~35	800~1500	2	3	4	1
26~45	26~35	>1500	2	3	4	1
26~45	>35	<800	3	2	no	1
26~45	>35	800~1500	3	2	no	1
26~45	>35	>1500	3	2	no	1
>45	0~25	<800	3	2	1	no
>45	0~25	800~1500	3	2	1	no
>45	0~25	>1500	3	2	1	no
>45	26~35	<800	3	2	4	1
>45	26~35	800~1500	3	2	4	1
>45	26~35	>1500	3	2	4	1
>45	>35	<800	3	2	no	1
>45	>35	800~1500	3	2	no	1
>45	>35	>1500	3	2	no	1

根据外业调查结果，全村 3708.7 亩森林主要功能为土壤保护功能、森林保水功能和生产功能。其中，具有土壤保护功能、保水功能和生产功能的森林面积均为 3708.7 亩，比例为 100%；具有防护功能的森林面积为 522.38 亩，比例为 14.09%。具体详见附表 5-4 和附图 5-4 至附图 5-7（彩版）。

在全村林分中，林分的坡度均小于 35°，但在林分内部局部可能存在大于 35°的地块，这些不需要进行任何森林经营活动，只需对森林进行封育（见附图 5-8，彩版）。

（二）森林经营计划

按照森林经营技术标准，10 年规划期内，需要进行林木疏伐施工的林分共计 17 个，面积 2246.15 亩。其中，油松 276.12 亩，山杨 228.07 亩，落叶松 1741.96 亩。

第一阶段（紧迫），需要施工的林分 17 个，林分面积 2246.15 亩，实际施工面积（扣除林分内的裸岩、无林地、

附表 5-4　森林功能等级统计表

森林功能类型	统计内容		保护等级			
	分项	总计	1	2	3	4
土壤保护	面积（亩）	3708.7		522.38	3186.32	
	占森林面积的比例（%）	100		14.09	85.91	
保水	面积（亩）	3708.7		3186.32	522.38	
	占森林面积的比例（%）	100		85.91	14.09	
生产	面积（亩）	3708.7	3186.32			522.38
	占森林面积的比例（%）	100	85.91			14.09
防护	面积（亩）	522.38	522.38			
	占森林面积的比例（%）	14.09	14.09			

附图 5-4　庄科村土壤保护等级分布

附图 5-5　庄科村森林保水功能等级分布

附图 5-6　庄科村森林生产功能等级分布

附图 5-7　庄科村森林防护功能等级分布

附图 5-8　庄科村坡度

灌木地、疏林地）2164.22 亩；第二阶段（正常），需要施工的林分 4 个，林分面积 228.07 亩，实际施工面积（扣除林分内的裸岩、无林地、灌木地、疏林地）222.63 亩；第三阶段（不紧迫），需要施工的林分 17 个，林分面积 2246.15 亩，实际施工面积 2164.22 亩（见附表 5-5；见彩版附图 2 至附图 4）。

　　第 I 阶段分 2 年施工，2011 年施工林分 6 个，施工面积 1275.56 亩；2012 年施工林分 11 个，施工面积 888.66 亩。具体详见附表 5-6。

（三）林业道路修建

林道是森林经营和保护的必要设施。规划期内，全村计划修建永久窄步道 6821.2m。永久窄步道修建标准如下：

（1）步道宽度 0.6m；

（2）步道修建时，主要砍除树木和灌木，并平整路面（主要是石头）（长度大于总长度的 66%）；

附表 5-5 三个阶段施工情况统计表 亩

施工阶段	统计项目	合计	cc1	cc2	cc3	cc4	cc5
第 I 阶段（紧迫）	林分个数（个）	17		2	11	3	1
	林分面积	2246.15		276.12	1741.96	185.41	42.66
	施工面积	2164.22		269.45	1672.14	179.97	42.66
第 II 阶段（正常）	林分个数（个）	4			4		
	林分面积	228.07			228.07		
	施工面积	222.63			222.63		
第 III 阶段（不紧迫）	林分个数（个）	17	2	14	1		
	林分面积	2246.15	276.12	1927.37	42.66		
	施工面积	2164.22	269.45	1852.11	42.66		

附表 5-6 第 I 阶段施工情况统计表

施工年度	林分个数（个）	林分面积（亩）				
		合计	cc2	cc3	cc4	cc5
2011	6	1275.56	269.45	963.45		42.66
2012	11	888.66		708.69	179.97	
合计	17	2164.22	269.45	1672.14	179.97	42.66

（3）施工时要严格保护道路两侧森林植被和土壤，将影响降到最低；

（4）付费标准 8 元 /m。

林业道路规划图见彩版附图 5。

（四）森林保护规划

1. 森林防火

项目区防火基础设施和装备还比较薄弱，近年来随着气候干旱的加剧，人为活动增多，防火压力越来越大，应加强森林防火工作，从基础设施装备和防火队伍等方面多管齐下，保证当地的长治久安，保护森林资源。

尽快开展林火预测预报网建设、防火通讯网络建设。在此期间，对原有部分防火路路基和路面进行改造，提高道路的通行能力，为林间的快速通行和处置林区的紧急情况打好基础。根据已有的瞭望塔，配备相应人员，包括长期瞭望值守人员和防火期临时人员。

2. 病虫害防治

建设高标准的森林有害生物防治体系。加强森林植物检疫，防止外来有害生物入侵。严格引种审批制度、监管制度；开展疫情调查，制订检疫对象；开展产地检疫和调运检疫，及时扑灭危险性病虫，控制传播扩散、蔓延。

（1）规范营林措施

良种壮苗、适地适树；选用抗病虫树种；营造混交林，抚育间伐，培育抗病虫林分。

（2）生物防治措施

引进或释放有益生物，天敌昆虫如赤眼蜂、肿腿蜂；食虫动物如鸟；病原微生物如白僵菌、昆虫病毒，扩大林中有益的生物的种类和种群数量，保护林内有益生物，创造有利于有益生物繁殖栖息的条件。

（3）化学防治措施

尽量选用环境污染少，对人畜危害小的药剂。

（4）生态防治措施

通过调节树木生态环境、间接地影响寄主——有害生物的相互作用，从而抑制病虫害的生长繁衍。

根据需要设置监测点，覆盖面达到每个角落，对病虫害进行实时监测和预报，形成完善的监测体系。同时做好三件事：药、械准备；人员准备；监测系统完备。

3. 森林资源管护

一些地区，人为活动频繁，林火隐患和人为破坏的可能性较大。本规划期内，有必要设立管护型经营措施。以保护和维持为主，必要时施以合理的抚育措施以改善林分结构和健康状况。

另外还需加强林政执法和林政管理、执法标准化、档案规范化、管理现代化。

五、项目投资

项目区主要计划活动包括森林近自然经营和林业道路修建，经核算，10 年规划期内，项目施工总投资共计 671024.73 元。其中，森林经营投资 616455.13 元，道路修建投资 54569.6 元。

（一）森林经营投资

项目区近自然森林经营投资标准如附表 5-7 所示。

附表 5-7　按每亩砍伐数的投资等级和范围（无集材措施）

投资等级	劳务补助（元/hm²）		材料费（油漆和工具）（元/hm²）	总投资（元/hm²）	总投资（元/亩）
	标记、疏伐	林务队长			
cc1	940	255	300	1495	99.6667
cc2	1240	255	300	1795	119.6667
cc3	1720	255	300	2275	151.6667
cc4	2140	255	300	2695	179.6667
cc5	2800	255	300	3355	223.6667

附表 5-8　森林经营工程投入统计表

施工阶段	统计项目	合计	cc1	cc2	cc3	cc4	cc5
总投入（元）		616455.13	26855.19	253880.08	293843.61	32334.62	9541.62
第Ⅰ阶段（紧迫）	施工面积（亩）	2164.22		269.45	1672.14	179.97	42.66
	投资标准（元/亩）	674.67		119.6667	151.6667	179.6667	223.6667
	金额（元）	327728.39		32244.19	253607.96	32334.62	9541.62
第Ⅱ阶段（正常）	施工面积（亩）	222.63			222.63		
	投资标准（元/亩）	331.33			151.6667	179.6667	
	金额（元）	33765.56			33765.56		
第Ⅲ阶段（不紧迫）	施工面积（亩）	2164.22	269.45	1852.11	42.66		
	投资标准（元/亩）	371.00	99.6667	119.6667	151.6667		
	金额（元）	254961.19	26855.19	221635.89	6470.10		

附表 5-9　第Ⅰ阶段分年度投入统计表

施工年度	统计项目	合计	cc1	cc2	cc3	cc4	cc5
总投入（元）		327728.39		32244.19	253607.96	32334.62	9541.62
2011	施工面积（亩）	1275.56		269.45	963.45		42.66
	投资标准（元/亩）			119.6667	151.6667	179.6667	223.6667
	金额（元）	187909.10		32244.19	146123.28		9541.62
2012	施工面积（亩）	888.66			708.69	179.97	
	投资标准（元/亩）			119.6667	151.6667	179.6667	223.6667
	金额（元）	139819.29			107484.67	32334.62	

按照附表 5-7 所列投资标准，森林经营工程总投入（包括标记和砍伐费用、林务队长和材料费）为 616455.13 元。其中，第Ⅰ阶段（紧迫）森林经营投入 327728.39 元，第Ⅱ阶段（正常）投入 33765.56 元，第Ⅲ阶段（不紧迫）投入 254961.19 元，具体详见附表 5-8。第Ⅰ阶段中，2011 年度投资 187909.10 元，2012 年度投资 139819.29 元，具体详见附表 5-9。

（二）林业道路投资

规划期内，全村修建永久窄步道 6821.2m，按付费标准 8 元/m 计算，全村道路修建费用总额为 54569.6 元。

六、保障措施

（一）工程管理

按照《中德财政合作"京北风沙危害区植被恢复与水源保护林可持续经营"项目管理办法》，实行项目规范化管理，坚持按设计施工、按标准验收，以及先设计、后施工、再验收的原则，实行项目法人责任制、招投标制和工程建设监理制，确保工程的建设质量。施工单位必须根据批准的设计文件，严格按有关技术规程、规范、标准和批准方案组织施工，保证质量；项目建设单位应加强施工管理，强化在建工程的管理、监督检查和验收工作。

（二）资金管理

项目资金严格按照中德双方签署的项目财政协议和项目总体设计支付，用于核准的项目内容。市、区（县）项目办要设立银行资金专户（专页），用于管理项目资金。建设单位要严格财务制度，切实加强财务管理，规范会计核算，努力提高资金使用效益。对项目资金要从源头抓起，及时地进行监督、检查，跟踪审计。建设资金要独立核算，避免被挤占挪用、改变投向、滞留欠款等现象，以保证各项资金及时足额到位和合理使用，确保项目及时实施并保证质量。

（三）技术管理

要积极采用、借鉴、推广同行已经应用的成熟、实用、先进技术，严格执行国家和地方有关工程建设标准、规程和方法技术要求。采用先进技术、设施和设备，提高科技含量和工程建设质量及水平；同时，创造宽松的环境，实施竞聘和激励的用人机制，采用固定、兼职和聘用等相结合的方式，建立目标责任制和定期培训制度，提高技术人员的专业技术水平。

（四）信息管理

根据项目建设的需要，开发一套项目数据管理信息系统，确保项目有关各方能够及时了解项目建设的进度和质量，并方便信息查询、处理、分析和与决策工作。同时，建立严格、规范、科学的信息管理制度，鼓励信息管理人员加强信息意识，及时更新项目信息、优化系统性能，保持项目管理和运作与时俱进。

（五）档案管理

在项目实施过程中，对所涉及的文书、技术、财务三大类文件、资料进行整理、汇总、归纳，具体包括项目申请、立项、计划、实施、检查验收、报账全过程所形成的具有存档价值的纸质及电子版的文件、报告、图表、照片、录音、录像等资料。项目档案实行分级管理、专人负责、健全制度、长期坚持，为项目的顺利实施提供良好的保障。

（六）劳动保护

野外造林与监测工作具有一定的危险性，为有效保护外业人员安全，需采取以下劳动保护措施：
① 建立健全各项安全工作制度，进行安全操作和安全工作教育。
② 配备一些野外生活用具及必要的救生、救护设施，避免不必要的人员伤害。

附表和附图

附表 1　油松林施工技术标准

森林经营模式						伐采强度、投资等级																		
森林类型	密度	高度等级	10年（至项目规划期结束）中期目标		规划活动	I（紧迫）						II（正常）						III（不紧迫）					
			中期目标	10年的密度（株/亩）		cc1 (7~10)	cc2 (11~17)	cc3 (18~24)	cc4 (25~33)	cc5 (34~48)	cc6 (1/3)	cc1 (7~10)	cc2 (11~17)	cc3 (18~24)	cc4 (25~33)	cc5 (34~48)	cc6 (1/3)	cc1 (7~10)	cc2 (11~17)	cc3 (18~24)	cc4 (25~33)	cc5 (34~48)	cc6 (1/3)
油松	疏（郁闭度≤0.7；<80株/亩）	所有	10年规划期内没有经营活动	没有变化	没有活动																		
	正常（郁闭度0.8，80~100株/亩）	<4m	10年规划期内没有经营活动	没有变化	没有活动																		
		4~6m	在10年经营期后期进行经营，郁闭度0.8，提高稳定性和高度结构	75~105	在阶段III进行择伐													x	X	X	X		
		6~8m	郁闭度0.7，提高稳定性、质量和高度结构，目标树和1级树没有干扰，特殊树，在林窗里	61~84	2次择伐，每个目标树砍伐2株干扰树，砍掉大部分不良木和受损木		x	X	x									x	X	X		
		8~10m	郁闭度0.7，提高稳定性、质量更新，目标树和1级树没有干扰，特殊树，砍掉大部分不良木和受损木，在林窗里	49~68	2次择伐，每个目标树砍伐2株干扰树，砍掉大部分不良木和受损木		x	X										x	X			

X：每个紧迫阶段的必选项；x：可选项

（续）

森林类型	密度	高度等级	10年（至项目规划期结束）中期目标		规划活动	砍伐强度、投资等级																	
			中期目标	10年的密度（株/亩）		I（紧迫）						II（正常）						III（不紧迫）					
						cc1 (7~10)	cc2 (11~17)	cc3 (18~24)	cc4 (25~33)	cc5 (34~48)	cc6 (1/3)	cc1 (7~10)	cc2 (11~17)	cc3 (18~24)	cc4 (25~33)	cc5 (34~48)	cc6 (1/3)	cc1 (7~10)	cc2 (11~17)	cc3 (18~24)	cc4 (25~33)	cc5 (34~48)	cc6 (1/3)
油松	正常（郁闭度0.8；80~100株/亩）	10~12m	郁闭度0.7，提高稳定性，质量和高度结构，提高更新，目标树和1级木没有干扰树，特殊树在林窗里	40~55	1~2次择伐，每个目标树砍伐2株干扰树，砍掉大部分不良木和受损木		X	X										x					
		>12m	郁闭度0.7，提高稳定性，质量和高度结构，提高更新，目标树和1级木没有干扰树，特殊树在林窗里	35~45	1~2次择伐，每个目标树砍伐2株干扰树，砍掉大部分不良木和受损木	x	X	x											x				
	密（郁闭度0.9；100~120株/亩；高度8m）	<4m	10年规划期内没有经营活动	没有变化	没有活动																		
		4~6m	在10年经营期后期进行经营，郁闭度0.8，提高稳定性和高度结构	75~105	2~3次择伐，每个目标树砍伐2株干扰树，砍掉大部分不良木和受损木		x	X	X					x	x				x	X	X		

（续）

森林类型	密度	高度等级	中期目标（10年（至项目规划期结束））		规划活动	砍伐强度、投资等级																		
			中期目标	10年的密度（株/亩）		I（紧迫）						II（正常）						III（不紧迫）						
						cc1(7~10)	cc2(11~17)	cc3(18~24)	cc4(25~33)	cc5(34~48)	cc6(1/3)	cc1(7~10)	cc2(11~17)	cc3(18~24)	cc4(25~33)	cc5(34~48)	cc6(1/3)	cc1(7~10)	cc2(11~17)	cc3(18~24)	cc4(25~33)	cc5(34~48)	cc6(1/3)
油松	密度（郁闭度0.9；100~120株/亩；高度8m）	6~8m	郁闭度0.7，提高稳定性，质量和高度结构，提高更新，目标树和1级木没有特殊干扰树，特殊目标树在林窗里	61~84	2~3次择伐，每个目标树砍伐2株干扰树，砍掉大部分不良木和受损木			X	X					X	X					X	X		
		8~10m	郁闭度0.7，提高稳定性，质量和高度结构，提高更新，目标树和1级木没有特殊干扰树，特殊目标树在林窗里	49~68	2~3次择伐，每个目标树砍伐2株干扰树，砍掉大部分不良木和受损木		X	X					x	x				x	X	x			
		10~12m	郁闭度0.7，提高稳定性，质量和高度结构，提高更新，目标树和1级木没有特殊干扰树，特殊目标树在林窗里	40~55	2次择伐，每个目标树砍伐2株干扰树，砍掉大部分不良木和受损木		X	X					x					x	x				
		>12m	郁闭度0.7，提高稳定性，质量和高度结构，提高更新，目标树和1级木没有特殊干扰树，特殊目标树在林窗里	35~45	1~2次择伐，每个目标树砍伐2株干扰树，砍掉大部分不良木和受损木	x	X											x	x				

（续）

森林类型	密度	高度等级	中期目标	10年的密度(株/亩)	规划活动	砍伐强度、投资等级																	
						I (紧迫)						II (正常)						III (不紧迫)					
						cc1 (7~10)	cc2 (11~17)	cc3 (18~24)	cc4 (25~33)	cc5 (34~48)	cc6 (1/3)	cc1 (7~10)	cc2 (11~17)	cc3 (18~24)	cc4 (25~33)	cc5 (34~48)	cc6 (1/3)	cc1 (7~10)	cc2 (11~17)	cc3 (18~24)	cc4 (25~33)	cc5 (34~48)	cc6 (1/3)
森林类型	非常密度（郁闭度≥0.9；120株/亩）	<4m	没有目的	没有变化	没有活动																		
		4~6m	在10年经营期后期进行经营，郁闭度0.8，提高稳定性和高度结构	80~110	3（2）次择伐，每个目标树砍伐2~5株干扰树，砍掉大部分不良木和受损木				X	X				x	X	x			x	X	X	x	
		6~8m	郁闭度0.7，提高稳定性、质量和高度结构，提高更新，目标树和Ⅰ级木没有干扰树，特殊目标树在林窗里	66~89	3次择伐，每个目标树砍伐2~4株干扰树，砍掉大部分不良木和受损木				X	X				X	X	x				x	X	X	
		8~10m	郁闭度0.7，提高稳定性、质量和高度结构，提高更新，目标树和Ⅰ级木没有干扰树，特殊目标树在林窗里	54~73	3（2）次择伐，每个目标树砍伐2~4株干扰树，砍掉大部分不良木和受损木			X	X	x			x	X	x				x		X		

（续）

森林类型	密度	高度等级	中期目标	10年的密度（株/亩）	规划活动	I（紧迫）cc1 (7~10)	cc2 (11~17)	cc3 (18~24)	cc4 (25~33)	cc5 (34~48)	cc6 (1/3)	II（正常）cc1 (7~10)	cc2 (11~17)	cc3 (18~24)	cc4 (25~33)	cc5 (34~48)	cc6 (1/3)	III（不紧迫）cc1 (7~10)	cc2 (11~17)	cc3 (18~24)	cc4 (25~33)	cc5 (34~48)	cc6 (1/3)
非常密（郁闭度≥0.9；120株/亩）		<4m	没有目的	没有变化	没有活动																		
		10~12m	郁闭度0.7，提高稳定性、质量和高度结构，提高更新，目标树和Ⅰ级木没有干扰树、特殊目标树生长在林窗里	45~60	2~3次择伐，砍掉目标树的所有干扰树，砍掉大部分不良木和受损木			X	X				X	x					X	X	x		
		>12m	郁闭度0.7，提高稳定性、质量和高度结构，提高更新，目标树和Ⅰ级木没有干扰树、特殊目标树生长在林窗里	40~50	2~3次择伐，砍掉目标树的所有干扰树，砍掉大部分不良木和受损木			X	X					x				x	X	X	X		

砍伐强度、投资等级

森林经营模式　10年（至项目规划期结束）中期目标

附表2　落叶松林施工技术标准

X：每个紧迫阶段的必选项；x：可选项

森林类型	森林经营模式 密度	高度等级	中期目标	10年的密度（株/亩）	规划活动	I（紧迫）cc1 (7~10)	cc2 (11~17)	cc3 (18~24)	cc4 (25~33)	cc5 (34~48)	cc6 (1/3)	II（正常）cc1 (7~10)	cc2 (11~17)	cc3 (18~24)	cc4 (25~33)	cc5 (34~48)	cc6 (1/3)	III（不紧迫）cc1 (7~10)	cc2 (11~17)	cc3 (18~24)	cc4 (25~33)	cc5 (34~48)	cc6 (1/3)
落叶松	疏（郁闭度≤0.7；<100株/亩）	所有	10年规划期内没有经营活动	没有变化	没有活动																		
	正常（郁闭度0.8；100~130株/亩）	6~10m	郁闭度0.7，提高稳定性，质量和混交程度提高，目标树和1级木没有干扰树，特殊目标树生长在林窗里	60~67	2次择伐		X	X	X	x					x	x			X	x	x		
		10~12m	郁闭度0.7，提高稳定性，质量和混交程度提高，目标树和1级木没有干扰树，特殊目标树生长在林窗里	53~58	2次择伐			X	x	x					x	x		x	X	x	x		
		>12m	郁闭度0.7，提高稳定性，质量和混交程度提高，目标树和1级木没有干扰树，特殊目标树生长在林窗里	50~55	2次择伐		X	x							x	x			X	x	x		
	密（郁闭度0.9；130~160株/亩；高度10m）	<10m	郁闭度0.7，提高稳定性，质量和混交程度提高，目标树和1级木没有干扰树，特殊目标树生长在林窗里	60~67	2~3次择伐			x	X	x				x	X	x				x	X	x	
		10~12m	郁闭度0.7，提高稳定性，质量和混交程度提高，目标树和1级木没有干扰树，特殊目标树生长在林窗里	53~58	2~3次择伐				X	x					X	x					X	x	
		>12m	郁闭度0.7，提高稳定性，质量和混交程度提高，目标树和1级木没有干扰树，特殊目标树生长在林窗里	50~55	2~3次择伐			x	X	X				x	X	x			x	x	x		
	极密（郁闭度≥0.9；>160株/亩；高度10m）	<10m	郁闭度0.7，提高稳定性，质量和混交程度提高，目标树和1级木没有干扰树，特殊目标树生长在林窗里	70~80	3次择伐			x	X	X					X	x				x	x	X	
		10~12m	郁闭度0.7，提高稳定性，质量和混交程度提高，目标树和1级木没有干扰树，特殊目标树生长在林窗里	60~70	3次择伐			x	X	X					X	x					x	x	
		>12m	郁闭度0.7，提高稳定性，质量和混交程度提高，目标树和1级木没有干扰树，特殊目标树生长在林窗里	55~60	3次择伐			X	X	x				x	x	x				x	X	x	

荒漠化防治技术与实践培训教材

附表 3 山杨林施工技术标准

森林经营模式 森林类型	实际密度	中期目标	10年的密度(株/亩)	规划活动	I（紧迫） cc1 (7~10)	cc2 (11~17)	cc3 (18~24)	cc4 (25~33)	cc5 (34~48)	cc6 (1/3)	II（正常） cc1 (7~10)	cc2 (11~17)	cc3 (18~24)	cc4 (25~33)	cc5 (34~48)	cc6 (1/3)	III（不紧迫） cc1 (7~10)	cc2 (11~17)	cc3 (18~24)	cc4 (25~33)	cc5 (34~48)	cc6 (1/3)
所有阔叶林<40株/亩 类型		10年内没有经营活动	没有变化	没有活动																		
山杨林 正 常 (40~80株/亩)	常	郁闭度0~0.3，促进阔叶林更新，减少生物量以减少截流和蒸腾	0-20	2~3次遮盖木欧伐			x	X	x				x	x	x			X	x			
密 (81~120株/亩)		郁闭度0~0.3，促进阔叶林更新，减少生物量以减少截流和蒸腾	0-20	3次遮盖木砍伐				X	X				x	X					X	x		
非 常 (>120株/亩)	密	郁闭度0~0.3，促进阔叶林更新，减少生物量以减少截流和蒸腾	0-20	3次遮盖木砍伐					X					x	X				x	X	x	

X：每个紧迫阶段的必选项；　x：可选项

176

附表 4　庄科村林分基本信息表

小班编号	土壤厚度(cm)	海拔(m)	坡度(°)	坡向	土壤保护等级	生产水保护功能	生产功能	防护功能	岩石(%)	灌木林(%)	疏林(%)	防护林(%)	密度(株/亩)	高度等级(m)	优势树种	起源	林分描述	森林经营模式	经营工作区	林分面积(亩)	I阶段投资等级	I阶段施工面积(亩)	II阶段投资等级	II阶段施工面积(亩)	III阶段投资等级	III阶段施工面积(亩)	实施年度	土地类型
006	>45	800~1500	≤25	西北	3	2	1			3			105	6-8	落叶松	人工林	林下更新不良	择伐	3	420.42	cc3	407.8			cc2	407.8	2011	落叶松林
007	>45	800~1500	≤25	西北	3	2	1			5			100	6-8	落叶松	人工林	林下更新不良	择伐	3	347.06	cc3	329.71			cc2	329.71	2011	落叶松林
008-1	>45	800~1500	≤25	西北	3	2	1			2			105	8-10	落叶松	人工林	林下更新不良	择伐	3	152.83	cc3	149.77			cc2	149.77	2012	落叶松林
009																		没有活动	1	212.38								灌木林
010																		没有活动	1	307.22								灌木林
011	26-45	800~1500	≤25	西北	3	2	1						35	4-6	栎	天然萌生	林下更新不良	没有活动	1	119.96								栎林
012																		没有活动	2	419.47								耕地
013	≤25	<800	26-35	东	2	3	4	1					50	<4	其他阔叶树	天然萌生	林下更新不良	没有活动	4	131.67								其他阔叶林
014																		没有活动	1	114.31								灌木林
015																		没有活动	2	13.36								耕地
016																		没有活动	2	25.3								其他土地
017	26-45	<800	≤25	北	3	2	1						80	10-12	杨树	人工林	林下更新不良	没有活动	4	20.88								杨树林
084-1	26-45	800~1500	≤25	西北	3	2	1			25			35	4-6	栎	天然萌生	林下更新不良	没有活动	1	245.08								栎林
085-1	26-45	800~1500	26~35	西	2	3	4	1		20			35	4-6	栎	天然萌生	林下更新不良	没有活动	2	277.37								栎林
087	26-45	800~1500	≤25	北	3	2	1						100	4-6	山杨	天然萌生	林下更新不良	择伐	1	25.95	cc5	25.95	cc4	25.95	cc3	25.95	2012	山杨林
088																		没有活动	1	84.2								灌木林

（续）

小班编号	土壤厚度(cm)	海拔(m)	坡度(°)	坡向	土壤保护等级	产水功能	生产功能	防护功能	岩石(%)	灌木林(%)	疏林(%)	防护林(%)	密度(株/亩)	高度等级(m)	优势树种	起源	林分描述	森林经营模式	经营工作区	林分面积(亩)	I阶段投资等级	I阶段施工面积(亩)	II阶段投资等级	II阶段施工面积(亩)	III阶段投资等级	III阶段施工面积(亩)	实施年度	土地类型
089-1	26-45	800~1500	≤25	西北	3	2	1			20	40		35	<4	油松	飞播造林	林下更新不良	没有活动	2	90.47								油松林
090																		没有活动	2	117.79								灌木林
091																		没有活动	2	105.6								灌木林
092	26-45	800~1500	≤25	西北	3	2	1			5			25	4-6	油松	人工林	林下更新不良	没有活动	2	193.85								油松林
093																		没有活动	4	77.39								灌木林
089-2	>45	800~1500	≤25	西北	3	2	1			4	0		100	6-8	落叶松	人工林	林下更新不良	择伐	2	81.33	cc3	78.08			cc2	78.08	2012	落叶松林
094																		没有活动	4	17.07								耕地
095	26-45	<800	26~35	北	2	3	4	1					30	<4	栎	天然实生		没有活动	4	113.34								栎林
114																		没有活动	4	8.7								灌木林
115																		没有活动	4	133.07								灌木林
116																		没有活动	4	197.51								灌木林
008-4	>45	800~1500	≤25	西北	3	2	1			2			105	8-10	落叶松	人工林	林下更新不良	择伐	3	139.13	cc3	136.35			cc2	136.35	2012	落叶松林
008-5	>45	800~1500	≤25	西北	3	2	1			2			105	8-10	落叶松	人工林	林下更新不良	择伐	3	104.88	cc3	102.78			cc2	102.78	2012	落叶松林
117																		没有活动	3	13.17								灌木林
118	26-45	800~1500	≤25	北	3	2	1			10			105	6-8	落叶松	人工林	林下更新不良	择伐	4	251.06	cc3	225.94			cc2	225.94	2011	落叶松林
119																		没有活动	4	11.11								灌木林

（续）

小班编号	土壤厚度(cm)	海拔(m)	坡度(°)	坡向	土壤保护等级	产水生产功能等级	岩石防护功能等级	灌木林(%)	疏林(%)	防护林(%)	密度(株/亩)	高度等级(m)	优势树种	起源	林分描述	森林经营模式	经营工作区	林分面积(亩)	I阶段投资等级	I阶段施工面积(亩)	II阶段投资等级	II阶段施工面积(亩)	III阶段投资等级	III阶段施工面积(亩)	实施年度	土地类型
120																没有活动	4	10.48								灌木林
121	26-45	800~1500	≤25	西北	3	2	1	3			80	8~10	油松	人工林		择伐	4	114.5	cc2	111.06	cc3		cc1	111.06	2011	油松林
122	26-45	800~1500	≤25	西北	3	2	1	2			85	8~10	油松	人工林		择伐	4	161.62	cc2	158.39	cc3		cc1	158.39	2011	油松林
124																没有活动	3	14.26								灌木林
113																没有活动	2	59.73								灌木林
084-3																没有活动	1	110.25								灌木林
084-2	26-45	800~1500	≤25	西北	3	2	1	3	1		80	4~6	山杨	天然萌生	林下更新不良	择伐	1	135.93	cc4	130.49	cc3	130.49	cc2	130.49	2012	山杨林
085-2	26-45	800~1500	≤25	西北	3	2	1				100	6~8	落叶松	人工林	林下更新不良	择伐	2	67.88	cc3	67.88	cc3		cc2	67.88	2012	落叶松林
018	26-45	800~1500	≤25	北	3	2	1				65	4~6	山杨1	天然萌生	林下更新不良	择伐	2	23.53	cc4	23.53	cc3	23.53	cc2	23.53	2012	山杨林
086	26-45	800~1500	≤25	西北	3	2	1	40	60		40	~4	油松	人工林	林下更新不良	没有活动	3	256.27								油松林
123	26-45	<800	≤25		3	2	1				38	4~6	栎	天然萌生	林下更新不良	没有活动	4	13.69								栎林
096	26-45	<800	≤25	西北	3	2	1				100	8~10	山杨	天然萌生	林下更新不良	择伐	4	42.66	cc5	42.66	cc3	42.66	cc3	42.66	2011	山杨林
008-2																	3	6.92								灌木林
008-6	>45	800~1500	≤25	西北	3	2	1	2			105	8~10	落叶松	人工林	林下更新不良	择伐	3	42.6	cc3	41.75			cc2	41.75	2012	落叶松林
008-3	>45	800~1500	≤25	西北	3	2	1	2			105	8~10	落叶松	人工林	林下更新不良	择伐	3	72.73	cc3	71.28			cc2	71.28	2012	落叶松林
008-7	>45	800~1500	≤25	西北	3	2	1	2			105	8~10	落叶松	人工林	林下更新不良	择伐	3	62.04	cc3	60.8			cc2	60.8	2012	落叶松林

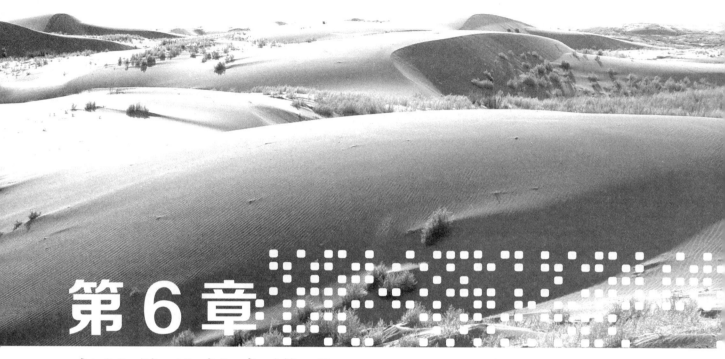

第6章

森林体验教育模式

Forest Education Methods

（1）培训对象：各省、市林业系统期望建立森林体验教育中心的组织人员，或森林公园、沙漠公园、生态教育基地、中心等类似生态教育体验实践内容的设计和组织人员。

（2）培训目标：使学员对于森林重新认知其作用与功能，初步掌握森林体验教育的特点、方法、主要内容及其他注意事项。

（3）授课人员：国外（如德国）从事森林体验教育的专家和学者以及甘肃省天水市森林体验教育中心的专家和技术人员。

（4）培训时间、方法和主要内容：见表 6-1。

表 6-1　培训时间、方法和内容

时间	方式/方法	内　　容
第1天	室内：讲课、讨论、实际案例	●讲座：介绍森林体验教育典型项目案例（如中德合作甘肃项目） ●讲座：森林教育概况（森林历史、森林功能和作用等） ●讨论 ●讲座：森林教育游戏的组织 ●讨论
第2天	室外：参观项目区、实践	●参观甘肃项目区森林教育中心 ●讨论 ●体验森林教育游戏（实践） ●讨论和改进游戏建议 ●讨论和总结

培训内容概要

第 6 章　森 林 体 验 教 育 模 式
Forest Education Methods

　　为促进生态文明的发展，我国政府十分重视森林和环境保护的公众教育和信息传播，但是一直以来都是以媒体宣传和课堂灌输的手段为主。中德合作甘肃天水市生态造林项目（以下简称德援甘肃天水项目）引进、消化和吸收了德国的体验式森林教育经验，在甘肃建立了天水市秦州森林体验教育中心，对传统生态教育和宣传方式进行了有益的补充，开启了我国森林体验教育的示范，对我国生态文明建设具有现实和深远的战略意义。

　　天水市秦州森林体验教育中心由德援甘肃天水项目和天水市秦州区人民政府共同出资，中心建设包括：修建森林体验探险通道、森林信息中心、开发培训教材和培训工作人员四部分内容。德国巴伐利亚州林业局向中心特别派驻有经验的专家，协助研发森林体验教育课程，进行人员培训。在为期两年的第一期试运行中，共有 10 多所幼儿园、小学、中学、大学的学生参加了中心的森林体验教育活动。2013 年 9 月森林信息中心对外开放，来访者亲身体验了互动式展示，了解了当地森林的生物多样性、多功能性及其对全球气候变化的影响，内容涵盖丰富，得到了社会的广泛好评。森林体验教育对增强民众森林生态系统知识，提高民众特别是青少年生态保护意识发挥了重要的作用。

　　天水市秦州森林体验教育中心在引进德国经验的基础上，根据当地实际改进和创立了诸如洪水实验、镜像森林、"光合作用"接力赛、树叶记忆、蝙蝠与夜蛾、赤脚毛毛虫、木棍游戏、小鸟与蜘蛛、你是我的椅子、跟踪土壤动物的踪迹等多个森林体验教育（游戏）模型。这些游戏使人们通过感官直接体验森林的作用和功能。中心还可以为来访者提供探索考察、团队合作、创意制作、野外探险和实地练习等多种形式的户外体验活动。这些活动可以与信息中心的室内多媒体学习相结合，使人们在感官上体验森林的同时，扩展科学知识，引发对森林与人类关系的深入思考。

　　天水市秦州森林体验教育中心的成功运行充分证明了，森林体验教育活动可以调动人们的所有感官，来了解森林、感受森林、欣赏森林，从中受到启发，从而培养和强化人们善待森林、可持续经营森林的意识。实践表明，森林体验教育是传统课堂教育的有益补充，有助于学生走出课堂、体验生活、体验社会，在生命教育、责任教育、习惯养成、自信培养和激发潜能等方面体现出了明显的优势。森林体验教育还有助于政府主管部门更好地实施森林保护措施，实现保护森林的目标。这种体验教育激发了当地的中小学生对保护森林生态的浓厚兴趣，家长和学校也对此十分支持。2012 年 12 月，联合国教科文组织将甘肃天水市秦州森林体验教育中心列为联合国"可持续发展教育"十年（2005—2014 年）的示范项目，再次肯定了中心在儿童和成人生态可持续教育方面所发挥的样板作用。

中国生态环境保护和可持续发挥发展的现状和未来都决定了，必须高度重视和大力发展森林教育。甘肃省天水市秦州森林体验教育中心采取的将室内学习与室外森林探险、感官体验和游戏活动相结合的教育形式，针对差异化群体量体裁衣式体验教育方案设计，培养具备良好业务素质和工作热情的员工队伍，建立与公共信息互通的网络体系是发展森林体验教育的四个核心要素。天水市秦州森林体验教育中心模式既可以应用在有条件建立森林体验教育中心的省市和地区，作为生态教育基地；也可以应用于国家现有自然保护区建设，增加保护区的教育功能；还可以研究和探索作为未来国家公园体系建设的配套内容，用以提高公众的生态意识，使人们通过亲身体验，正确地认识森林在提供生态系统服务和促进经济社会可持续发展中的重大作用。在德国，大多数州通过法律，赋予林业部门开展生态环境教育的职能，通过履行这项职能，德国林业部门可为儿童、青年和成人提供体验森林和自然的机会。从这个角度讲，甘肃省天水市秦州森林体验教育中心可成为全国森林体验教育的先导示范项目，也拓宽了林业主管部门的工作思路及范畴。

Summary of the Model "Forest Education Methods"

The Chinese government pays considerable attention to the dissemination of information on forests and environmental protection mainly through media promotion and school education, contributing to the development of ecological civilization. The Sino-German Afforestation Project (SGAP) has assimilated Germany's experience in this area by setting up the Forest Experience Center in Gansu, China. The Center will serve as a model institution to demonstrate not only why such programs are necessary, but also as to why it is of great strategic significance for China.

The Tianshui Qinzhou Forest Experience Center was jointly funded by the German Government through KfW and the Qinzhou District government of Tianshui. The investment comprised of four parts: forest experience and adventure track, forest information center, training materials development and training of trainers. For the training of trainer, the Bavarian State Forestry Administration seconded qualified forest experience pedagogues. In the first two years of trial operation, groups of students from more than 10 institutions including kindergarten, primary schools, junior high school, senior high school and universities, have taken part in forest education programs. Since September 2013, the Forest Information Center is opened for the public. Many visitors have experienced the interactive exhibition, where themes from local biodiversity over benefits of forests up to global climate change are presented. The Center was highly welcomed by the public and plays an important role in increasing the knowledge of the ecosystem forest and enhancing their (especially the youth) awareness and attitude towards the relationship between human being and nature, forest protection and local and global environmental protection.

Drawing on the learning experience from Germany, the Center has developed and adapted many forest experience and education games (or models). These activities provide opportunities to experience forest nature with all senses outdoor. They offer a wide range of methods and approaches, for instance exploring, teamwork practices, creative workshops, adventure and practical work in the field. These outdoor activities can be combined with media learning indoor in the Forest Information Center, which is an amandatory approach. By participating in such programs, participants will experience and learn more about the forest. They also gain a deeper understanding about the relations between the forest and people.

The trial operations of the Tianshui Forest Experience Center demonstrate how the tour of the facility enabled visitors to acquire firsthand knowledge and competences about the local and global forest ecosystems for dealing with this natural resource in a sustainable way. They were also able to communicate and receive inspiration from the forest and enjoy its beauty. Such experience and education teaches people to treat the forest well and undertake sustainable methods of forest management. The forest education imparted thus is complementary to conventional schooling, and allows students to get out of their classrooms to experience life in its full splendor and experience the real world and society. This also contributes to the strengthening of the students' real-life education by enabling them to take up responsibilities for themselves and for the environment, form good habits, achieve self-confidence, and in essence, realize their full potential. The forest education will also help the authorities to implement forest protection measures and achieve forest protection. Local schools have been highly interested in this new type of education as valuable, additional part of the school lessons that is imparted through fun-filled outdoor activity, and parents have also lent their support to the program.

In December 2012, the German UNESCO Commission distinguished the Tianshui Forest Experience Center as a project of the UN Decade "Education for Sustainable Development" from 2005~2014. This award is granted to initiatives and organizations which implement the global UN education offensive in an exemplary way by conveying sustainable education and action to children and adults.

Considering the current scenario and future needs of the ecological environment and sustainable development in China, forest education should be given utmost importance and promoted. The approach developed in Tianshui, combining indoor information and learning with outdoor forest adventure and experience, appropriate facilities, a wide range of options tailored for differing visitor groups, a well-trained motivated staff team and public networking can be considered as the key elements. It can be replicated in every province and every municipality to raise awareness about forests among the general public so that they recognize forests as an integral part of the ecosystem and as an example for sustainable development. The Tianshui Forest Experience Center could very well be the pioneering initiative and role model for such a campaign. In Germany most of the states mandated the Forestry Administrations by law with the task to carry out environmental education activities and to provide opportunities for children, youth as well as adults to experience forests and nature.

6.1 森林体验教育模式来源

森林体验教育是在可持续发展教育框架下，面向社会公众尤其是青少年，进行的与森林相关的体验式教育。在德国，每个儿童从小就要接受森林体验教育，将热爱森林、保护环境培养为一生中不可缺少的自然行为。

甘肃省天水市实施了天然林保护、退耕还林、"三北"防护林四期、公益林建设等一系列林业生态重点工程，取得了显著的成绩，但是却没有专门用来培养民众森林生态意识的设施，政府只是通过有限的植树活动和媒体报道来进行公众宣传。引进森林体验教育理念，建立森林体验教育中心，为公众提供接受森林教育的专门场所，特别是对中小学生进行森林体验教育，势在必行。从某种角度讲，这也是提高全民森林保护意识工作的重要一环。

2009 年，德援甘肃天水项目执行办公室向德国复兴开发银行提出了利用项目剩余资金引进森林体验教育理念，在天水市建设森林体验教育中心的意向。此后，德国复兴开发银行官员多次与省、市、区政府、林业厅（局）和项目办有关人员进行了研究协商，并派出专家现场考察论证，认为建设森林体验教育中心是保证项目和林业生态可持续发展的基础性工作，意义重大，适合我国国情，也符合项目要求。2011 年 8 月，德国复兴开发银行正式批复了天水市秦州森林体验教育中心建设方案，秦州区政府正式设立了天水市秦州森林体验教育中心管理机构，落实了工作人员和办公场所，森林体验教育中心正式成立，基础设施建设工作也随之展开。

天水市秦州森林体验教育中心由德援甘肃天水项目和天水市秦州区人民政府共同投资建设，其中德援甘肃天水项目投入资金 654 万元，秦州区政府配套资金 200 万元。中心建设主要由建设森林体验探险通道、森林信息中心、研发教材体系和开展师资培训四个方面的内容。截至 2013 年底，中心共接待 10 多所学校、85 个班级的幼儿园、小学生、初中生、大学生约 4475 人次，此外还有农民、个体工商户、单位职工 400 多人，来参加森林体验教育活动，受到了社会的广泛好评。这对于巩固德援甘肃天水项目成果，提高当地民众特别是青少年的森林保护意识具有积极的作用。国家林业局、甘肃省林业厅对此项目给予了高度重视，组织了北京、江西、浙江、陕西、贵州等省（直辖市）的相关专家、学者等前来参观、考察和学习。

6.1.1 模式针对的主要问题

近几十年来，国内无论是政府部门还是普通的社会民众对于生态环境的保护意识明显提高，但是对于生态林业建设的认识还大多局限于植树造林、保护植被，普通民众对于森林的体验相对较少，对于森林多功能性认知不深。天水市秦州森林体验教育中心设计开发了将室内展览和室外森林体验活动相结合的教育模式，帮助人们结合亲身体验，全面认识森林的作用、功能，引发人们对人类与森林生态系统关系的进一步思考，从一定程度上弥补了国内在森林和生态教育上的空白。

6.1.2 模式应用范围

这种森林体验教育模式集游戏、休闲、娱乐、教育等多功能为一体，可使民众亲近森林、亲近自然、通过亲身体验，提高民众的环境意识、丰富精神生活，具有广阔的推广前景。建立森林体验教育中心需要较大规模的投资，还需要有一支具有相应专业知识的人才管理队伍。而这方面我国积累的经验还不多，需要向先进的国家（如德国）学习，从而改进和提高我国的森林体验教育水平。

6.2 森林体验教育模式的主要特点和内容

6.2.1 森林体验教育的主要特点

传统教育依据的主要是系统的、以课本为载体的学科知识，在一定程度上忽视了人的个性发展，忽视了创造性与潜能开发。森林体验教育是通过调动参与者自身的感官，来感受森林、认识森林、了解森林与人类活动的各种关联，从而使人们能够积极主动地参与森林保护和可持续发展，是一种寓教于乐的体验教育方式。对于孩子，通过切身体验和在森林中的玩耍和娱乐，可培养与大自然的亲近感，获得与森林相关的知识，从小学习和理解人类如何与自然和谐相处，培养热爱森林、保护环境、保护森林的意识。森林体验教育具有崇尚自然、活动灵活多样和资源丰富的特点。

（1）森林体验教育环境崇尚自然。森林体验教育中心应建立在森林中。走进森林体验教育中心，给人最强烈的感受是环境朴素而自然，活动场地、草坪、沙池、水沟以及花草树木基本上都是原生态的，孩子们可以在自然中尽情嬉戏。

（2）森林体验教育活动灵活多样。来访者在森林体验教育引导者的带领下到森林体验教育中心进行实践活动。他们参观森林教育展览馆，了解森林知识；他们在森林参与森林教育活动，认识动植物，探究动植物的生长过程，感受四季的气候变化。引导者常常通过一些游戏让孩子们更深刻地感受森林，通过活动诱导孩子对森林产生兴趣，教给孩子健康的生活方式，感受人与自然相互依存的关系。

（3）森林体验教育资源丰富。面对不同来访群体，中心可以设计不同的体验教育活动方案，这些直观、生动、综合、互动的活动方式往往能取得良好的教育效果。

6.2.2 森林体验教育的理念和方式

森林体验教育的理念认为对人们进行情感教育最为重要，认为"人们只有热爱森林、才会保护森林"，针对青少年这一特殊的教育对象，森林体验教育把情感教育目标放在首位，让青少年在体验森林的过程中，对森林产生情感，从而达到教育目的。

森林体验教育通过游戏、探险、实验，利用触摸、视觉、听觉、嗅觉等一系列的感官经验来实现，以森林及环境保护知识为主线，将热身、激发和观察等体验活动相结合，活动过程始终体现趣味性、探索精神和团队协作精神。

森林体验教育方法主要有两大类：一是自然体验法，通常要借助于感官经验活动如参观、游戏等，从情感上亲近自然，从而实现对纯自然的感知力；另一种是互动启发法，通过测量、分析和实验性活动来完成，在自然体验互动过程中得到知识的启迪。

6.2.3　森林体验教育的组成要素

森林体验教育包括 4 个核心要素：森林信息中心、森林体验探险通道、培训工作人员和开发培训教材。森林信息中心主要包括森林资源的历史演变、森林食物链、生态护林、极端天气、能源困境等 29 个展项及森林产品手工制作场所；森林体验探险通道主要包括木制游乐场、探险区、林产品展示区、平衡板场地等 12 个区域。

天水市秦州森林体验教育中心（图 6-1，彩版）选址在甘肃省天水市秦州区豹子沟珍稀植物园，由一座森林信息中心（展厅）和一个环形探险通道组成。森林信息中心工程于 2011 年 7 月开工建设，2013 年 9 月全面完工并正式投入运行。该中心占地面积 530m³，建筑面积 1185m³，展厅面积 883m³，主体建筑为三层，地上两层，地下一层。中心内设电影、图片、实物标本展示区域和手工制作、会议接待等区域；探险通道全长 2.5km，依当地现有森林和自然地形而建，内设 12 个形式和内容各不相同的站点，供来访者休闲、吟诗作画、开展互动游戏等。

6.2.3.1　森林信息中心

天水市秦州森林体验教育中心以"森林，与生命共脉动"为主题，将"认知森林、森林功能、人林和谐"作为展厅的设计主线。

第一层主题：立足天水，认知森林。从森林历史演变，现代森林里的动植物知识着手，普及与"森林"相关的知识。运用现代陈列形式，融入科技艺术手法，将森林知识贯穿其中，探寻森林奥秘。共分为 2 个版块：

① 地区景观形成历史（包括森林里生命的轮回、森林资源的历史演变、三大地貌演变过

图 6-1　甘肃省天水市秦州森林体验教育中心

程、美景天水、景观的利用等区域）；

②丛林探秘（包括互动生态、种子墙、树桩板凳、花儿时钟、动物眼睛看世界、为动物找家、洞里住着谁、森林食物链等区域）。

第二层主题：森林功能，弘扬生态文明。展示全球森林文化，从森林效益、全球森林、气候变化三方面着手，激发公众关注森林，关爱生命，倡导人与森林和谐共生的可持续发展观。共分为 3 个版块：

①森林的效益（包括林产品你认识吗、生态护林、植树任务、许愿树、徒步游天水、艺术长廊等区域）；

②全球森林（包括森林类型、森林资源分布利用状况等信息）；

③气候变化（包括改变世界 6℃、冰川消融、极端天气、温室效应、能源困境、希望之光、我的绿色一日、与树的联系等区域）。

地下一层主题：人林和谐主题，包括活动操作室和手工操作室，主要包括展厅、制作间、贮藏室和办公区。其中森林信息中心的展厅共包含 6 项主题、29 个展项，主要以生物多样性、气候变化、世界各地的森林和艺术、诗歌及美学为主题，采取室内展示和制作相结合的方式，通过展示当地的森林动物、植物标本、3D 电影等介绍世界及中国和甘肃当地森林、气候与环境的变化、自然景观的形成；提供实物，展示森林对环境保护和人们生活的重要性；此外还有展示林业日常工作的部分以及为青少年提供与林业活动有关的手工制作体验操作间等。

6.2.3.2　森林体验探险通道

森林体验探险通道为全长 2km 的环形通道，由入口、木制游乐场、不同年龄树木展示区、休闲区、诗歌与艺术区、探险区、林产品展示区、野餐、观鸟区、观景台、土壤互动解说区、平衡板共 12 个区域构成（图 6-2）。森林体验探险通道主要供来访者亲密接触森林、体验森林以及休闲、吟诗作画、野炊、开展互动游戏等。

6.2.3.3　人员培训和教材研发

天水市秦州森林体验教育中心为全额拨款事业单位，编制 16 人，现有工作人员 21 人，其中，本科学历 14 人，大专学历 7 人，林业工程师 3 人，林业助理工程师 7 人，技师 1 人。自2011 年 5 月至今，森林体验教育中心聘请德国巴伐利亚州农林部的班纳和格拉芙两位森林体验教育专家，先后对天水市秦州森林体验教育中心的 15 名工作人员、省项目办、市县（区）项目办、秦州区林业局、秦州区教育局有关人员和秦州区中小学及幼儿园的一些老师和学生进行了 5 次森林体验教育培训（图 6-3、图 6-5 和图 6-6）。2012 年 5 月，森林体验教育中心又组织其 18 名工作人员赴德国巴伐利亚州和巴登 - 符腾堡州，进行为期 14 天的森林体验教育培训和学习考察活动。

通过国际交流和培训，该中心工作人员已经较全面地了解了森林体验教育的理念、目的和意义，基本掌握了森林体验教育方法，能够针对不同来访群体确定森林体验教育主题、制订森林体验教育活动方案，可独立带领目标群体进行森林体验教育活动。

在项目建设过程中，德国巴登 - 符腾堡州农林部为天水市秦州森林体验教育中心提供了由他们编著和使用的森林教育指南教材，教材涵盖了森林体验教育指南、向导型森林旅行指南、森林有关的环境教育、森林的可持续利用、森林与社会等方面的内容（图 6-4）。为了使森林体

图 6-2　森林体验探险通道

图 6-3　森林体验引导师资培训

图 6-4　引进国际森林教育相关出版物

图 6-5　参加森林体验教育的初中同学

图 6-6　幼儿园小朋友体验森林教育

验教育更加系统化，德援甘肃天水项目办公室组织人员，翻译了德国的《森林教育指南》，并于 2013 年 8 月由中国林业出版社正式出版。

6.2.3.4　公共网站

除了中心自身的基础设施建设，天水市秦州森林体验教育中心还建立了专门网站对森林体验教育中心基本情况、森林教育理念、森林教育内容进行介绍，报道宣传森林体验教育中心的最新情况。

6.3　森林体验教育的实施方法和步骤

6.3.1　室内互动式展览

甘肃省天水市秦州森林体验教育中心依山而建，建筑的造型设计理念取材于形成山体的两个基本元素：土与石，表现出山体构成的隐喻。主体建筑的造型是外方内圆，体现出"天圆地方"的这一理念，契合着中国的传统思想。森林体验信息中心展厅整体设计以一棵大树为设计元素，以"森林与生命共脉动"为设计主题。它不同于传统的博物馆，而是一个以互动体验形式为主的森林体验中心，展项形式设计集知识性、趣味性、互动性为一体，巧妙配合声、光、电等元素，实现艺术与内容的完美融合。

在森林信息中心，来访者在森林教育工作人员的讲解下，对各个不同的展区进行逐项参观，并可以与讲解员进行互动，相互启发促进大家对人与森林的关系的进一步认知和思考。在森林信息中心地下一层，还有让来访者自己动手操作的操作间，让人们亲身体验森林与我们人类的密切关系，可以开展一些手工制作。通过这种互动式、体验式的参观与手动操作，帮助来访者更进一步了解森林对于我们人类的作用和意义，提高大家的珍惜自然、保护环境的意识。

6.3.2 室外体验活动

通过学习国际上有关森林体验教育的先进经验，甘肃省天水市秦州森林体验教育中心在两年多的尝试和实践过程中，结合中国的实际情况调整优化，共引进和创立了 200 多个森林体验教育模型及游戏。

6.3.2.1 教育（游戏）模型分类

森林体验教育（游戏）模型分为活泼型、安静型、调研型、冥想型、创造型、感受型和知识型 7 个类型。模型内容包括了采种、育苗、造林、间伐抚育、林道设计、病虫害防治、森林动物、森林火灾、森林土壤、水土保持、林分结构等林业知识，森林资源调查、蓄积量计算、树木年轮和树皮的观察、标本采集、植物调查、昆虫观察、土壤观察等实验性的内容，森林诗歌、森林故事、森林的冬天、林中漫步、森林侦探、森林图画等文学艺术创作各方面，以及人类对森林、环境、社会、经济可持续发展的影响因子，其内容可谓包罗万象。森林教育引导教师可根据不同年龄段的学生或森林体验者的需要，选取和设定不同目标群体体验方案，让森林体验者了解森林知识，感受森林，接受森林特性的启发，欣赏森林的美，从而培养人们可持续经营森林和善待森林的意识。

6.3.2.2 体验活动的原生态素材

来访者在森林体验教育引导者的带领下到森林体验教育基地进行实践活动。活动场地，草坪、沙池、水沟以及花草树木基本上都是原生态的，来访者（包括成人和孩子）可以在自然中尽情嬉戏。户外玩具如秋千、独木桥、摇马、跷跷板等都由原木做成，木屑地、草地和沙地都是真实自然的。活动场地上放置了许多任由孩子们搬动的废旧材料和自然物，如旧轮胎、木板、梯子等。运用这些材料不仅节约了资源，同时激发了孩子们丰富的想象力和创造力。

引导者常常通过一些游戏让孩子们更深刻地感受森林，如让孩子们闭上眼睛躺在树林里倾听，感受自然界的每一种声音；用布蒙住孩子的眼睛，让他们用手触摸树林里的各种生物。引导者有时让孩子们扮演植物的各个部分，体验植物如何从土壤里汲取养分，如何抵抗昆虫的入侵；有时带领孩子们种花植树，种植庄稼，感谢大自然的恩赐……就这样，通过这些活动诱导孩子对森林产生兴趣，教给孩子健康的生活方式，感受人与自然相互依存的关系。

6.3.2.3 量体裁衣式活动方案

在引导活动的过程中，工作人员会根据不同的来访群体，需求、知识结构的不同，制订不同的活动方案。对于学龄前的儿童，主要通过比较简单的活动，调动他们的视觉、听觉、触觉、味觉等感官来感受森林，达到提升他们亲密接触大自然的兴趣和教会他们如何集中注意力的教育目标；对于中小学生，则根据他们有积极性、喜爱动物、有极强的探知欲和乐于接受新事物的特点，为他们编排和设置一些既能和他们所学知识联系起来，又对他们来说具有挑战性的活动。对于成年人目标群体，选择以实际数据、现实环境和他们进行对话。对于家庭团队，则结合每个家庭成员的特殊能力，设置某个课题的集体学习，将儿童式的激情好奇和谨慎的成年人思维结合在一起，在玩耍和游戏中完成对某课题学习并获得成就感和乐趣。每次引导活动结束前，都要请来访群体对活动本身及引导人员的作用提出反馈意见，用以评估森林体验教育活动产生的社会效益，对引导者提高引导能力有很大的帮助。

6.3.2.4　森林体验教育模型（游戏）节选

以下挑出其中较有代表意义的 12 个模型（游戏），详述其实施方法和步骤，包括目的、适宜的参与者人数和年龄、活动时间、材料、室外条件和具体活动实施过程。

（1）洪水试验

内容概要：通过模型，让参与者对森林如何阻止洪峰的形成有直观感受（图 6-7、图 6-8）。

目的：让参与者了解森林与洪水之间的联系，并引起他们日后的关注 **活动类型**：调查型、引导型 **参与者人数**：5 ～ 15 人 **参与者年龄**：8 岁以上	**时限**：30min **材料**：喷壶；水；样板房的材料，如供揉捏的黏土、蜗牛壳等 **准备工作**：在室外活动场地上设置"沟壑"、"森林"等模型 **室外条件**：没有雪，没有霜

活动流程：

① 同参与者一起设置森林和土壤，森林可以是云杉天然林或苔藓等）以及一个"建设区域"（图 6-7）。

② 要求每位参与者自己寻找并建造"房子"，并且放在"建筑区"；"房子"建好以后，在"河的上游"有"森林"的集水区倒空喷壶的水。

③ 然后再来一次，在"河的上游"没有"森林"的集水区倒空喷壶的水。

④ 同参与者一起，分别观察 2 次实验"居民点"的洪水发展的变化（图 6-8，彩版）。

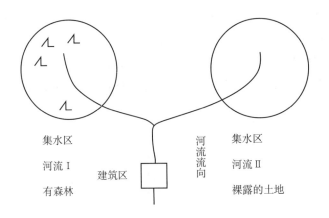

集水区　　　　　　　　河流流向　　集水区

河流Ⅰ　　　　　　　　　　　　　河流Ⅱ

有森林　　　建筑区　　　　　　　裸露的土地

图 6-7　洪水试验示意图

图 6-8　洪水试验简易模型

⑤ 同参与者一起讨论：

■ 灾害后对损坏的房子以及幸免的房子，你有何感想？

■ 在选择建房地点时是否考虑了洪水因素？

■ 森林有哪些功能？

（2）镜像森林

内容概要：参与者带着镜子在森林中漫步，并用镜子从不同的角度观察树木（图 6-9，彩版）。

目的：让参与者体验迷人的树冠世界 **活动类型**：活泼的、敏感的 **参与者人数**：10~15 人 **参与者年龄**：6 岁以上，适合成人	**时限**：约 10min **材料**：小梳妆镜 **准备工作**：选择一条有 100m 长、富有 　　　　　变化的小路 **室外条件**：无

图 6-9　镜像森林（镜子中的森林样子）

活动流程：

① 让参与者前后站成一排长队，后者把一只手放在前面那个人的肩膀上，另一只手拿着镜子。

② 参与者在鼻子上方调整镜子位置，直到行走过程中只能看见树冠世界为止。

③ 走在长队最前边的参与者，带领长队一起沿着预先选好的一条小路前行，其间排头者要走得特别慢，这样便于更好地观察树冠世界，参与者也才能充分体验所看到的画面。

④ 行走过程中，要求参与者注意力集中在镜子上。

活动变化方案：

① 参与者把镜子翻过来对着自己的前额，以便于从镜子中能够观察到森林地面。视线投向镜中地面，自己向一个特定的目标往回走。

② 在行走过程中，参与者眼睛只看着镜子，他们可以体验倒转的世界。

提示：

① 选择树叶茂盛的树冠和树枝较低的树木，但是要确保树枝高于参与者身体的高度，避免发生事故。

② 树枝应该从各种角度进入他／她们的视线，但主要是从前方进入视线。

③ 移开沿路散落在地上的树枝，避免参与者步行过程中摔倒。

④ 不要询问他们看到了什么，让他们散步并等待他们主动说出所看到的东西来。

（3）"光合作用"接力赛

内容概要： 参与者以接力赛跑的形式展示水和化合物在树木里的传输（图6-10）。

目的： 参与者以身体力行的方式体验光合作用 **活动类型：** 活跃的、以知识为导向的 **参与人数：** 30人以内 **参与者年龄：** 8岁以上	**时限：** 30min **材料：** 1袋方糖；1只汤勺、1个水瓶、1个酸奶罐 **准备工作：** 请用树枝标记出起点和终点线，两线距离10~15m **室外条件：** 干燥

图6-10 "光合作用"接力赛

活动流程：

① 请将参与者分成2~4个小组，每组5~10人。每个小组成员共同扮演一棵树木。

② 让小组在起跑线处排列，这里象征着树木生长的土地（即"树根"），各个小组的成员一个接一个地站成一列。

③ 每个小组都有一个装满水的水瓶和一只汤勺。

④"开始"信号发出后，每个小组的排头者用汤勺盛满水，尽可能快速地向终点线传送，终点处有一个酸奶罐用来盛水，此处还有一袋方糖，用来代表光合作用储存的能量。

⑤ 参与者跑至"终点"处，将汤勺的水倒入酸奶罐中，然后用勺尽可能多地盛入方糖，返回"树根"处。在那儿将汤勺传给下一个队员，重复之前队员的运动（汤勺盛水和盛入方糖并运输）。

⑥ 在传输的过程中参与者不可以用手去护方糖，如果糖掉到地上，则算该队员失败。

⑦ 比赛结束后计算一下各小组获得的方糖总数并测量每组传输的水量。

⑧ 用方糖数乘以水量，最多的即为获胜者。

⑨ 参与者共同讨论各种树木光合作用的不同效果。

提示：

● 应讲解光合作用的基本知识，并将之与游戏设置相结合，比如树木的光合作用只在白天进行，活动的时长可定为 10min，这段时间代表 10h 的光合作用时间，再如起点到终点的距离代表着树冠的面积等。

(4) 树叶记忆

内容概要：参与者在娱乐中了解并记忆阔叶和针叶等不同类型树种特性（图 6-11，彩版）。

目的：参与者认识树叶形状，并加深林学知识 **活动类型**：安静的 **参与人数**：约 15 人 **参与者年龄**：5 岁以上	**时限**：约 20min **材料**：阔叶和针叶；一块大布（也可以使用复合塑料布） **准备工作**：应让参与者事先基本了解和认识遮盖在大布下的树叶 **室外条件**：无特殊要求

图 6-11　树叶记忆

活动流程：

① 在活动开始前准备好阔叶和针叶，并把它们放置于林地上或桌子上。

② 让参与者短时间内记住这些树叶。

③ 然后用一块大布盖在准备好的阔叶和针叶上。

④ 所有的参与者转过身去，只有一个人留下并掀开盖布，拿走布下的一片树叶，并把所拿走的东西藏好。

⑤ 现在，转过身子的那些参与者可以再转回来，打开盖布，然后观察现在缺了哪片树叶，缺的树叶属于何种树种。

⑥ 从这些所缺树种开始，您可以与参与者一起探讨这些树种的特性，比如这些树木生长在附近什么地方。

⑦ 重复这个娱乐活动，直到布下不再有树叶存在。

活动变化方案：

① 可让一个参与者同时拿走多片树叶。

② 可增加活动难度系数，即增加盖布下面树叶的种类。刚开始时，树种可以少些，然后逐渐增加适合参与者知识水平的其他树种的树叶。

提示：

① 视活动进行的频次，可以通过压膜机制作一些经久耐用的树叶，这样就没有必要每次活动前寻找新的树叶。

（5）蝙蝠与夜蛾

内容概要：参与者学习蝙蝠狩猎技巧并讨论，人类在哪些方面成功地应用了声纳系统（图 6-12、图 6-13）。

目的：参与者将在娱乐中学习了解蝙蝠突出的声纳系统 **活动类型**：活泼的、敏感的 **参与人数**：8 人以上 **参与者年龄**：5 岁以上	**时限**：30min **材料**：眼罩 **准备工作**：无 **室外条件**：对天气没有依赖性；场地应该没有其他喧哗声

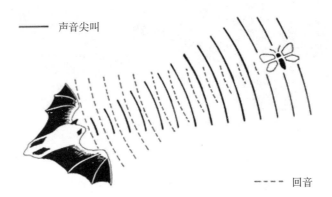

图 6-12　蝙蝠的声波与回音

图 6-13　蝙蝠与夜蛾

活动流程：

① 参与者围成一个直径约 5m 的圆圈。

② 请您向参与者解释蝙蝠狩猎的战略。

③ 然后请您选择一位参与者出来，作为第一个扮演"蝙蝠"的人，被选择的参与者来到所围成圆圈的中间，然后把他的眼睛蒙住。

④ 再选出 3~5 个参与者出来扮演"夜蛾"，并且也到圈中来，现在"蝙蝠"需要努力抓住圈中的"夜蛾"。

⑤ 狩猎这样开始，首先"蝙蝠"熟悉每个"夜蛾"的声音(嗓音)，然后"蝙蝠"开始呼叫"蝙蝠"，每当一个"夜蛾"听到"蝙蝠"叫声后需要立即回应"蝙蝠"，这样"蝙蝠"可以判断"夜蛾"是否在其附近以及夜蛾的类型(具体是哪个同伴扮演"夜蛾")。扮演"蝙蝠"的那个参与者，必须非常仔细地聆听"夜蛾"的叫声，以便于在圈内能够跟踪并逮住"夜蛾"，如扮演者跑到圈的边缘，那么外面的人可轻轻地把他们推回圈内。

⑥ 如果想要增加紧张气氛，那么也可以选择两个"蝙蝠"进入圈内。

活动变化方案：

① 因为在黑暗中夜蛾几乎看不见，为了增加紧张气氛，也可以把扮演"夜蛾"的参与者的眼睛蒙上。

② "蝙蝠"和"夜蛾"不再叫喊，而改为所有的参与者制造非常大的声音，比如通过用树枝摩擦另外一个树枝而发出非常响亮的声音。

（6）赤脚毛毛虫

内容概要：情绪调整，学会用更"近自然"的方式认识和了解生态知识（图 6-14）。

目的：通过锻炼自己识别方向能力和 　感官知觉来了解森林 **参与者年龄：**6 岁以上	**时限：**大约 15min **材料：**眼罩 **室外条件：**暖和干燥的天气

图 6-14　赤脚毛毛虫

活动流程：

① 请参与者脱下鞋子。

② 引导员给予一定提示，阐明活动的意义，如"您应赤脚走在土地上，脱掉您的鞋，鞋让您失明，您仍然可以用您的脚趾去'看'路，也可以看'水'、'风'等"。

③ 参与者蒙上眼睛后，由各个成员逐一先后排队并扶住前者的肩膀或腰部组成一只可行走的"毛毛虫"。

④ 引导员扮演"毛毛虫"的"头"，这是唯一一个可以用眼睛看到外面世界的头，带领其他"毛毛虫"慢慢地在森林中来回纵横盘行，选择的道路越曲折，越多样化，就越好。地毯似的的苔藓、落地的树叶、裸露的土壤、甚至一条小溪——引导身后的参与者用脚感受这一切，体会和平时穿鞋走路的不同之处，在一个特别的地方（如有讲解意义的地形），可以停下来休息一下并作相应讲解。

⑤ 回到出发点，拿掉参与者的眼罩，并一起尝试重新寻找刚才走过相同的路，通过增加视觉的感官，引导参与者有新的发现。

(7) 跳蚤—小鸟—蜘蛛

内容概要：参与者们将通过游戏模拟生态链中的生物，了解生态链各环节的关系(图6-15)。

目的：亲身体验森林中生态链的一环 **活动类型**：活跃的、热身的、激烈的 **参与人数**：最少 6 人 **参与者年龄**：7 岁或 7 岁以上	**时限**：至少 15min（每场约 1min） **材料**：无 **准备工作**：需要划出一片活动场地 **室外条件**：活动场地应足够大（建议说明一个大致范围，以便界定何为"足够大"）

活动流程：

① 请您标记游戏场地。在这个场地中间应有一条中线，在中线的两边，两组成员面对面，沿中线呈直线站立，场地边缘应有界线，游戏过程中，不允许逾越界线。

图 6-15　"小鸟"捉"蜘蛛"

② 在接下来的游戏中存在 3 种动物。参与者可通过其特有姿态模拟这 3 种动物：

　■ 跳蚤：通过用食指刺向空中来模仿；

　■ 小鸟：通过"拍打翅膀"（双臂）来模仿；

　■ 蜘蛛：通过蜘蛛一样的爬行动作来模仿蜘蛛。

③ 3 种动物之间的关系是这样的：

　■ 小鸟吃蜘蛛；

　■ 蜘蛛吃跳蚤；

　■ 跳蚤蜇小鸟。

④ 参与者们组成两个队，面对面站成两排。现在，每一个队的成员可以商定他们打算在接下来一轮游戏中哪种动物，注意全队人员扮演的动物是一种，即全队人员共同扮演。这个决定不能让对方知道。

⑤ 在游戏开始时，伴随指令，每一队成员共同决定扮演哪种动物（即开始模拟动作）。

⑥ 例如以下的游戏状况是有可能出现的：小鸟追捕蜘蛛或跳蚤追捕小鸟。

⑦ 约定一段时间，比如 1min 之内，"被吃掉的"或"被蜇到的"成员将变为对方队员。

⑧ 若双方扮演的是同一种动物，可以相互握手表示友好。再重新商定各自所扮演的动物。

⑨ 如果整队人马全部"被吃掉了"或"被叮到了"，那么可以开始新一轮游戏。

（8）木棍游戏

内容概要：体会森林可以给我们人类提供休闲娱乐的场所和工具。参与者们将在运动游戏中锻炼迅速的反应速度，并将变得活跃起来（图 6-16）。

目的：通过该项游戏来激发参与者们尽情喧闹，激发大家兴趣，提高专注力 **活动类型**：十分活跃、充满乐趣 **参与人数**：最少 4 人 **参与者年龄**：4 岁或 4 岁以上	**时限**：至少 10min **材料**：无 **准备工作**：无 **室外条件**：非下雨天

注解：在木棍游戏中，参与者可以尽情喧闹。

图 6-16　木棍游戏

活动流程：

① 在这个游戏中，每位参与者都需要一根长度约为 1.5m 的木棍。请您要求参与者们各自寻找自己的木棍。

② 要求参与者站成一个圈，每个人之间要有约 2.5m 的距离。每位参与者都将木棍垂直竖立地握在胸前，木棍的一端要与地面接触。

③ 当您喊出"开始"的口令时，每个人都松开垂直竖立的木棍，并跑向右边邻居的木棍，试着在其顶端接触地面上之前接住它。

④ 未及时抓住木棍的参与者将被淘汰出局。当仅剩一人时，该游戏结束。

活动变化方案：

要求参与者在同一方向进行一段时间后，还可以反方向继续进行。

(9) 你是我的椅子

内容概要：通过合作，体会森林生态系统中各部分的相互依存关系（图 6-17）。

目的：通过模拟切身感受森林生态系统中各部分的依存关系 **活动类型：**娱乐的、协作的 **参与人数：**最少 20 人，也适用于大团体 **参与者年龄：**4 岁或 4 岁以上	**时限：**10~15min **材料：**无 **准备工作：**无 **室外条件：**地面要干燥

活动流程：

① 要求小组成员站成一个圈。一位参与者站立在另一位参与者背后，方向一致，每位参与者之间的距离应仅有几厘米。

② 在得到"坐下"的指令后，前面的人尝试着慢慢坐在后面人的大腿上。如果这个动作成功了，那么在形成的圈中，每个人都坐在后面人的双膝上。

③ 几次游戏后，由引导员借游戏成功的例子，讲解附近可见范围内，森林生态系统中存在的相互依存关系，让参与者增长知识。

图 6-17　你是我的椅子

提示：

① 只有当人数达到 20 人以上才可以进行这个游戏。如果少于这个人数，游戏将很难成功。

② 在发出"坐下"这个指令之前，请留给参与者足够的准备时间。请注意参与者是否真的围成了一个圆圈，并且人与人之间的距离是否非常小。

（10）森林图画

内容概要：参与者们在森林的地面上，用可及的自然材料创作图画，体现森林的多功能性中森林艺术文化价值，体现孩子的观察力和创造力（图 6-18；图 6-19，彩版）。

目的：小组创造性的使用自然材料，通过创造进一步感受自然的魅力 活动类型：安静的、注意力集中的、游戏式的 参与人数：无人数限制 参与者年龄：5 岁或 5 岁以上	时限：约 30min 材料：硬面板；双面胶带或胶水 准备工作：请剪裁出一块调色画板并在上面粘上双面胶带，也可以使用胶水 室外条件：干燥的天气、不下雨、无霜冻

图 6-18　森林图画

图 6-19　森林图像

活动流程：

① 请要求参与者们用诸如苔藓、树枝、叶片、果实之类的材料，要么自选题材，要么遵照您事先给出的题材要求，在林地上制作一幅图画。基本的作画方法是处理周围的自然材料并用胶水粘贴在画布上（或利用画布上已经粘好的双面胶带）。

② 这幅图画要用树枝做成画框并由作画者起一个名字。

③ 参与者可以集体创作一幅图画或各自进行创作，作画者或作画小组要向小组的其他成员展示并就图画内容加以说明。

④ 如果条件允许，应当保存出色的图画，以供路过的人们欣赏。

活动变化方案：

引导员可用一个立拍得相机把作画者与所作图画拍摄下来，并将照片送给作画者作为纪念品。

（11）邂逅树木

内容概要：让参与者蒙眼摸树，再睁开眼睛寻找所摸过的树，加深对森林的认知（图 6-20）。

目的：建立与树更亲密的关系，加深 　　对树和森林的认知 **活动类型：**安静的、敏感的 **参与人数：**最多 30 人左右 **参与者年龄：**8 岁以上	**时限：**约 30min **材料：**眼罩 **准备工作：**选择一块有明显特征树木 　　的林地 **室外条件：**不要太冷

活动流程：

① 把参与者分成两人小组，每组都得到一副眼罩。两人中一个人蒙住另一人的眼睛（分别称作"向导"和"蒙眼人"）。向导带领蒙眼人通过曲折路线去寻找一棵具有特征的树木，然后让蒙眼人去触摸，去闻气味来记忆"识别"这棵树木。直到他认为已经认识这棵树时，告诉向导。然后向导带领蒙眼人再通过迂回的方式（可与来时相同，也可不同）

图 6-20　邂逅树木

返回起点。在摘下眼罩以前，原地转几圈。此时蒙眼人应该借助其自身的记忆在限定的时间内去找出刚才触摸的那棵树。由引导员裁判其找到的树是否正确。

② 然后两人互换角色，再做一轮这个游戏。

提示：

① 如有可能，应该把已经相互信任的两个人，编成一组。

② 在活动真正开始之前的介绍过程中，应该利用有特征的树木为例子。首先，简短地介绍应该去触摸什么才有意义。

③ 例如特别是要给年龄较小的参与者做示范，他们可以拥抱树木，以便确定其树干有多么粗。

④ 对识别特征适当给予提示：如树枝的形状，树皮的光滑度等。

⑤ 这项活动特别适合家庭。

⑥ 建议用标记带圈定场地（如 40m×40m），这样参与者就不会觉得目标太漫无边际了。

(12) 跟踪土壤动物的踪迹

内容概要：发现土壤里的生命，通过放大镜观察它，近距离地观察森林土壤的生物多样性（图 6-21）。

目的：认识"有生命的土壤" **活动类型**：调查研究的、活跃的、好奇的 **参与人数**：最多 30 人左右 **参与者年龄**：6 岁或 6 岁以上	**时限**：约 1h **材料**：3mm 大的筛网；白色床单（或大白纸）；放大镜、镊子、小胶卷盒（或小塑料瓶）；昆虫吸虫器、昆虫分类指南 **准备工作**：复印分类标签 **室外条件**：避免有雨

活动流程：

① 选择土壤潮湿的地点。

图 6-21　跟踪土壤动物的踪迹

② 把小组分成若干工作组，每组 4~6 人；给每个工作组分配材料。

③ 引导参与者把土放在筛网上过滤，过滤到白色床单（或大白纸）上。

④ 生活在土壤里的一些微小动物将留在筛网上，用镊子或昆虫吸虫器把这些小动物放进胶卷盒（或小塑料瓶）里或放大镜下。

⑤ 观察收集到的小动物，尽量不要把它们长时间地暴露在太阳下。

⑥ 引导员对实验做出总结并讲解与观察到的动物相关联的知识，然后引导参与者把这些动物放回到原来的地方。引导参与者牢记即使是最微小的动物也有它的生态重要性，应小心对待，在没有任何伤害的情况下还它们自由。

6.4　森林体验教育成效

森林体验教育使来访者通过参观室内森林信息中心以及室外森林探险通道等参与各项森林体验活动，调动所有感官，直接感受森林的特性，欣赏森林的美景，学习森林的知识，得到森林的启发，从而培养和强化保护生态环境和善待森林的意识。森林体验教育是传统教育的有益补充，有助于学生走出课堂，体验自然、体验社会，在生命教育、责任教育、良好习惯养成以及提升自信、激发潜能等方面具有明显的优势。森林体验教育不但促进了森林生态保护措施的实施，也为现行教育体制由应试教育向素质教育的转变提供了有借鉴意义的参考经验。

森林体验教育给青少年提供了课外实践的平台和亲身体验森林的机会，激发了青少年的学习兴趣和创造力，提高了他们的学习能力、团结协作精神，并辐射影响周围群体树立保护环境、造林爱林的思想意识，培养出了一批森林体验教育工作人员。总体来说，森林体验教育通过德援甘肃天水项目的实践，取得了一定的社会效益。

（1）森林体验教育活动实践并拓展延伸了学生在课堂上所学的理论知识，使学生了解了与森林相关的知识，森林可持续发展的理念，激发学生改变不好的行为习惯，提高保护环境的意识。

（2）青少年通过参与森林体验教育活动，辐射带动周围社会人群对森林体验教育的理解，不仅宣传了森林体验教育，更使他们树立了热爱森林、保护环境的意识。

（3）让学生亲身体验森林的过程，可以帮助他们摒弃陋习，养成良好的行为习惯，提升学生团结协作意识。通过参加手工制作等森林体验活动，能够激发学生的实践动手能力和创造力等综合素质。

（4）通过森林体验教育，丰富了当地生态旅游的内容，展示了林业建设成果，拓展了林业项目建设内容，扩大了林业对外合作交流领域。林业工作者也通过参加森林体验教育活动，分享了造林成果，激发了对林业工作的热情，成为新的森林体验教育传播者和实践者，为实现森林可持续经营打下良好的基础。

（5）通过天水市秦州森林体验教育中心这个项目还培养、锻炼出了一批森林体验教育工作者。

6.5　模式推广前景

邓小平同志曾说，要让娃娃们从小养成种树、爱树的好习惯。儿时的记忆最深刻，它会影响一个人的一生，甚至成为一种生活态度。

从国际视野看，森林体验教育不仅仅在德国得到普及，且已经成为欧洲大多数国家教育体系的一个重要组成部分。近些年，森林体验教育也被引入到亚洲的日本、越南和蒙古等国。我国虽然一贯重视森林保护和环境保护教育，但主要靠传统的舆论宣传和专业的课堂授课，教育手段相对单一，特别是缺乏针对普通公众和少年儿童的森林和生态教育模式。而从另外一个角度看，我国有丰富的森林教育资源，具备开展和推广森林教育的条件，如森林公园、风景名胜区、城郊城市森林等。因此，发展一种让普通公众，特别是青少年体验和认识大自然的教育机制迫在眉睫。天水市秦州森林体验教育中心的成立，正好示范性地弥补了这一空白，其教育方法形成了一定系统，可操作、可复制，在具备森林教育条件的城市和地区具有广阔的推广前景，将会受到学生、家长和学校的普遍欢迎。

参考文献

德国巴伐利亚州营养、农业和林业部 .2013. 森林教育指南 [M]. 中德财政合作甘肃天水生态造林项目执行办公室，编译 . 北京：中国林业出版社 .

高彦明，张宏霞 .2012. 合理使用项目资金拓展林业教育新领域——天水市秦州森林教育中心建设 [J]. 甘肃林业 （1）.

高彦明 .2012. 中德财政合作甘肃天水生态造林项目引进德国森林教育理念和方法的启示 [R]. 在甘肃省林业外资和发展趋势研讨会上的报告 .

科勒·瑞赫列·福斯特 .2011. 甘肃省天水市规划、建立和运行森林教育中心方案 [C]. 中德财政合作甘肃天水生态造林项目文件 .

图2-3 子槽开挖施工实现去"直"改"弯"

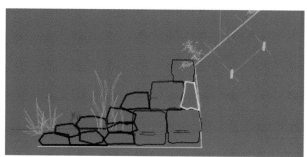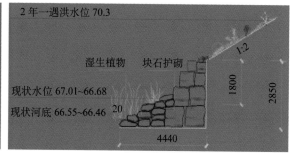

图2-6 块石护岸设计示意图

图2-7 块石护岸实施效果

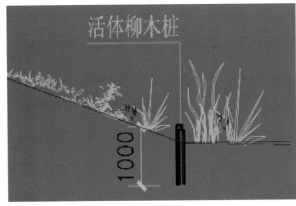

图2-8　活体柳木桩岸坡防护示意和效果图

图2-9　Ⅰ级水体示意图　　　　　　　图2-10　Ⅱ级水体示意图

图2-11　Ⅲ级水体示意图　　　　　　　图2-12　Ⅳ级水体示意图

图 2-13 Ⅴ级水体示意图

附图 2-1 北宅小型水体恢复河道段位置图

附图 2-2 北宅大桥上游河道治理前状况

附图 2-7 椰纤植生毯护坡施工

附图 2-8 子槽开挖施工现场

正常　　　　　　　　　　　　　　　　轻度退化

中度退化　　　　　　　　　　　　　　重度退化

图 3-1　草原退化程度分级参考照片

附图 3-8　压砂地枣瓜间作

图 4-1　内蒙古赤峰市天然踏郎

图 4-2　德援内蒙古赤峰项目种植的踏郎

图 4-3　德援内蒙古赤峰项目区踏郎与柠条混交

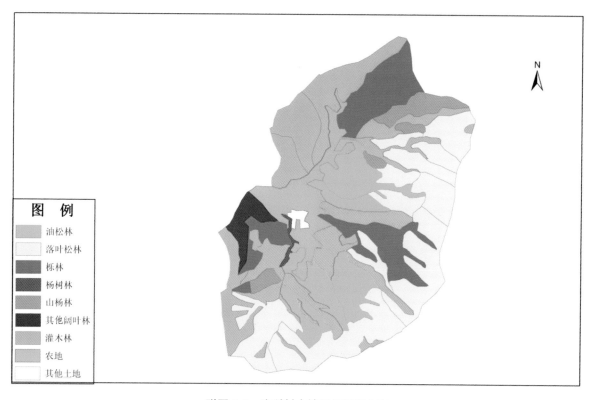

图 例

- 油松林
- 落叶松林
- 栎林
- 杨树林
- 山杨林
- 其他阔叶林
- 灌木林
- 农地
- 其他土地

附图 5-1　庄科村土地利用类型分布

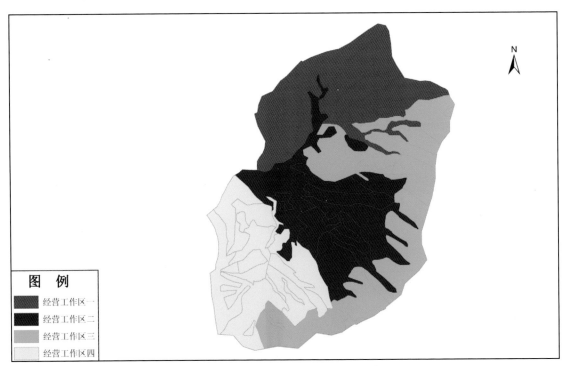

图　例
经营工作区一
经营工作区二
经营工作区三
经营工作区四

附图 5-3　庄科村森林经营工作区分布

图　例
2
3
其他

附图 5-4　庄科村土壤保护等级分布

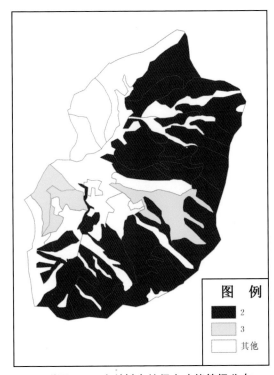

图　例
2
3
其他

附图 5-5　庄科村森林保水功能等级分布

图 例
1
4
其他

附图 5-6　庄科村森林生产功能等级分布

图 例
1
其他

附图 5-7　庄科村森林防护功能等级分布

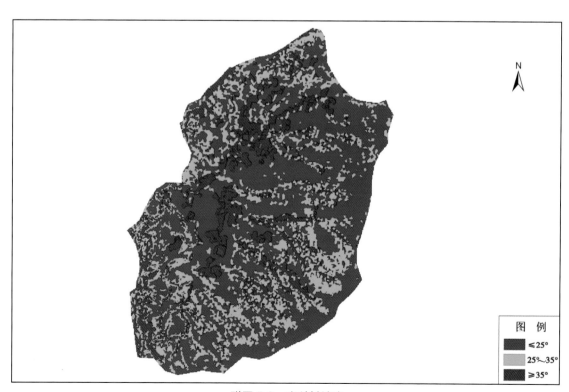

N

图 例
≤25°
25°～35°
≥35°

附图 5-8　庄科村坡度

附图 1　庄科村森林经营林分分布

附图2　庄科村第Ⅰ阶段（紧迫）经营林分施工信息图

荒漠化防治技术与实践培训教材

附图3　庄科村第Ⅱ阶段（正常）经营林分施工信息图

12

附图4 庄科村第Ⅲ阶段（不紧迫）经营林分施工信息图

附图 5　庄科村森林经营道路设计示意图

图 6-1 甘肃省天水市秦州森林体验教育中心

图 6-8 洪水试验简易模型

图 6-9 镜像森林（镜子中的森林样子）

图 6-11 树叶记忆

图 6-19 森林图像